AF355633

V

ALBUM

DE

L'EXPOSITION DE L'INDUSTRIE

1844.

Imprimerie DONDEY-DUPRÉ, rue Saint-Louis, 46, au Marais.

LE GARDE-MEUBLE.

ALBUM

DE

L'EXPOSITION DE L'INDUSTRIE,

1844.

AMEUBLEMENT.

COMPTE RENDU

PAR

M. ANATOLE DAUVERGNE.

PARIS,

CHEZ D. GUILMARD,

AU BUREAU DU GARDE-MEUBLE, JOURNAL D'AMEUBLEMENT,

RUE DE BONDY, 66, PORTE ST-MARTIN.

1845

NOTE DE L'ÉDITEUR.

L'éditeur du Garde-Meuble, dans le but d'offrir une double publicité aux fabricants d'objets d'ameublement admis à l'Exposition de l'Industrie nationale, en 1844, a pensé qu'en extrayant de son grand ouvrage in-folio : l'Album de l'Exposition de Industrie, 1844, le texte analytique et descriptif qui accompagne les planches de ce magnifique ouvrage, il rendrait service à tous, aux industriels aussi bien qu'aux consommateurs. C'est pourquoi il n'a pas hésité à réunir, dans un joli volume grand in-8°, qui peut trouver place sur le bureau du fabricant comme dans la bibliothèque de l'amateur, les pages contenant l'appréciation critique de tous les objets compris dans la spécialité à laquelle il est entièrement consacré.

Ce livre, écrit avec conscience et impartialité, offrira des renseignements suffisants aux personnes qui désireraient conserver un souvenir raisonné de l'Exposition de 1844 ; mais celles qui voudraient entrer plus avant dans le détail de la fabrication, étudier attentivement les plus intéressantes créations de l'ébénisterie française, pourront avoir recours à l'Album complet, composé, en outre du texte, de 30 planches dessinées avec le plus grand soin et lithographiées à deux teintes, et représentant SOIXANTE-DIX objets d'ameublement choisis parmi les plus remarquables de ceux qui figuraient à l'Exposition de 1844.

PRIX DU GRAND ALBUM COMPLET :

En noir, 30 fr. — En couleur, 50 fr.
La feuille séparée, en noir, 1 fr. 50 c. — En couleur, 2 fr.

INTRODUCTION.

Il existe en France, depuis longues années, une opinion assez générale, — populaire surtout, — qui a dû paralyser bien souvent les efforts de notre industrie nationale. Cette opinion, — ou plutôt cette croyance — fatalement constante et durable, malgré les arguments et les preuves entassés chaque jour pour la détruire — reconnaît et consacre l'excellence incomparable des produits de l'industrie anglaise. La mode, reine despotique des hautes régions de la société, et quelques débitants — inconséquents ou avides — ont maladroitement propagé cette erreur.

D'un autre côté, un certain nombre d'individus, — enthousiastes quand même, — exagèrent une conviction contraire; ils croiraient répudier le titre de Français s'ils avouaient la suprématie, en quoi que ce puisse être, d'une nation rivale de la nôtre. — Pour ceux-là il n'y a au monde qu'un peuple... le peuple français; qu'une armée... l'armée française; qu'un pays, unique, incomparable... la France! — Oh! loin de nous la pensée de considérer l'amour de la patrie comme un gothique préjugé; de ne voir dans le nom de France qu'un mot, dans le sol sacré qu'une valeur commerciale! loin de nous le dessein de blâmer cet amour si noble, si nécessaire, cette communion généreuse et sainte qui rapproche plus de trente millions d'hommes disséminés sur un sol composé d'éléments hétérogènes! mais le moment n'est-il pas venu de repousser également — et ce *chauvinisme* ridicule qui n'admet et n'exalte que le talent, la bravoure, la supériorité absolue des hommes et des choses de son pays, et cet esprit de dénigrement qui n'a que dédains et sarcasmes pour tout ce qui est français? — Adorer servilement son pays, c'est l'aimer mal! — Ne pas l'aimer assez, c'est presque le détester.

A ces fanatiques endurcis, nous dirons : L'homme de génie, l'homme qui invente utilement, n'a pas de patrie; il appartient à l'humanité tout entière. — De quelque contrée qu'il vienne, saluez-le, Messieurs, inclinez-vous devant-lui ; c'est un des princes de la terre, c'est un des élus de Dieu ; celui-là a le droit de venir s'asseoir, comme un hôte vénéré, au foyer de tous les grands peuples, sans exhiber son passe-port devant les douaniers de la frontière! Guttemberg, Galilée, Kopernic, Franklin, Jenner, Papin, Jacquart, et tant d'autres, ont conquis le droit de cité par tout le monde; ils appartiennent à l'humanité, vous dis-je, — parce qu'ils ont travaillé pour tous, — empires, royaumes ou républiques.

A ces contempteurs frivoles, nous dirons aussi : Regardez autour de vous; tandis que vous recherchez, à grands frais, pour obéir à une mode inique, et sous le prétexte peu spécieux qu'ils sont incontestablement supérieurs aux nôtres, certains produits des industries étrangères, voyez nos manufactures répandre par toute l'Europe et par delà les mers nos riches tissus de soie, nos toiles imprimées, nos meubles de tous genres, nos velours, nos tapisseries, nos papiers peints, nos porcelaines, nos faïences, nos bronzes, notre joaillerie, notre bijouterie, tous les objets qui réclament avant tout le concours de l'invention, du goût, de l'élégance et de la fantaisie. — Faites venir de Londres des parfumeries anglaises, et sous l'enveloppe britannique, sous l'écusson orné de léopards, vous trouverez, adroitement dissimulé, le cachet d'un de nos parfumeurs parisiens. — Parcourez les grandes villes de l'Angleterre, de l'Allemagne, de l'Italie, ces grands centres où le luxe et la richesse ont les coudées franches, et vous lirez aux angles de tous les carrefours, sur les places publiques, en face des palais des princes, ces enseignes alléchantes : *Un tel, de Paris!* Chez les autres peuples, serait-ce donc tout simplement, comme chez nous à propos de l'Angleterre ou de la Belgique, une affaire de mode que cette suzeraineté hautement accordée à la France? Mais non. Cet hommage universellement rendu à notre industrie est sincère, et, de plus, il est mérité.

Si nous sommes forcés de reconnaître que l'Angleterre est placée, pour certaines spécialités, dans des conditions plus avantageuses que la France; si nous pouvons envier les capitaux énormes qu'elle peut remuer, et ce qu'à Dieu ne plaise, son activité commerciale tellement développée qu'elle absorbe toutes les autres préoccupations, nous pouvons toutefois opposer à cet aveu notre supériorité évidente dans tous les arts industriels. — L'Angleterre, avec ses mœurs puritaines, avec ses allures graves et égoïstes, ne peut dépasser les bornes de l'utile et du comfort; le sens du goût, du luxe aimable si l'on veut, manque à l'ensemble de son caractère industriel. Ses machines — nous ne prétendons point le nier, et c'est là l'argument éternel poussé en avant — réunissent les grandes qualités premières: l'utilité, la force et la solidité; mais considérez leur aspect gauche et disgracieux; fouillez les replis des rouages et des balanciers, vous les verrez polis et lustrés; l'âpreté du fer a disparu sous le frottement continuel de l'émeri. Nos machines ont-elles moins d'activité, d'utilité et de durée? Et cependant, comparez les formes de toutes leurs pièces isolées, elles ont un certain air de coquetterie qui fait plaisir à voir. Étudiez le travail : là où le mécanicien anglais n'a voulu que la propreté, l'ouvrier français a donné un coup de lime ferme et savant. Ainsi, dans la coutellerie si vantée de l'Angleterre, vous rencontrerez encore ce même poli, cette forme ronde, ingrate, que nos plus humbles fabriques françaises rougiraient d'employer. — Ses meubles, ses décors d'intérieur, sont graves, rectilignes, tristement simples comme des visages de quakers; il sont utiles : — voilà tout! — Dans un ameublement anglais, aucune trace de ces mille riens charmants, de ces délicates et ingénieuses futilités qui semblent sourire aux visiteurs, dans les plus modestes demeures de notre bourgeoisie, — rien que l'utile, — l'utile maussade et toujours sérieux. C'est encore chez nous que l'Angleterre fashionable et tolérante vient s'imprégner de cette précieuse séve d'élégance et de fantaisie qui jamais ne saurait circuler dans ses artères vigoureuses, mais sans ferment de poésie. Oh! n'en doutez pas, si jamais l'utile peut recevoir sans danger l'application de l'agréable, si ces horribles et terrifiantes machines qu'anime la vapeur consentent à revêtir, un jour, certaines parures pittoresques qui dissimulent leur laideur et leur brutalité, la locomotive vomira sa fumée par la gueule d'un dragon gigantesque ou par la langue de feu de la salamandre fantastique, fière de sa noble devise : *Nutrisco. Estingo !* — Le haut fourneau s'élèvera dans les airs en thyrse ou en colonne, les volants se dentelleront comme les rosaces des vitraux, etc., etc. Et c'est encore à l'esprit inventif, à l'amour de l'art qui se perpétue en France, que l'industrie devra cette nouvelle vie, cette splendide transfiguration.

C'est qu'aussi le peuple français, possédant au plus haut degré le sentiment du beau qu'il aime d'instinct, — a toujours conservé le culte des arts plastiques étudiés et développés chez lui avec une ardeur constante. — C'est que la France, toujours héroïque, malgré les envahissements de l'esprit individuel et les préoccupations des intérêts matériels, sait honorer ses grands hommes, ses poëtes, ses savants, ses artistes, ses industriels ; elle étend jusqu'à l'artiste, jusqu'à l'ouvrier, le respect et l'admiration qu'elle accorde à l'œuvre. La France a des musées splendides, des bibliothèques considérables d'un libre accès aux plus humbles, où tous peuvent comparer à loisir les diverses phases des arts, sur les monuments les plus précieux de tous les âges. De nombreuses écoles de dessin sont entretenues par les communes ; des expositions d'objets d'art ont lieu annuellement à Paris et dans les principales villes. Dans ces enseignements perpétuels ou temporaires, chacun peut constater, apprécier les mouvements accomplis et les progrès obtenus. Tout élan, tout progrès de l'art sérieux est répété et appliqué immédiatement par l'industrie. En un mot, les arts plastiques et les arts industriels sont liés si étroitement aujourd'hui, ils marchent si bien d'accord, que les uns semblent emboîter les pas des autres. L'art prête des ouvriers à l'industrie, et l'industrie lui renvoie des artistes.

Cependant, il faut bien le reconnaître, cette unité, cette sympathie ne s'est point établie tout naturellement, sans efforts. Le contrat d'union n'a point été signé le même jour ! On oublie trop aujourd'hui et les auteurs et les causes de ces progrès. C'est à la persévérance, au courage seul de quelques-uns qu'ils sont dus. L'art ne naît point tout seul, il n'innove pas. C'est la philosophie et la science qui, en creusant d'autres voies, enfantent d'autres croyances et bientôt d'autres mœurs ; puis l'art survient, qui développe, multiplie, colore, rend perceptible, attrayante et populaire, l'idée toujours austère et grave à sa naissance.

Quand, il y a vingt ans, dans la fameuse préface de *Cromwell,* tant louée, tant critiquée, M. Victor Hugo, déchirant audacieusement les vieilles formules de la poésie, faisait un appel à tous les hommes de bonne volonté, et les provoquait à une lutte acharnée contre les colosses inertes d'un art décrépit, une grande rumeur s'éleva dans la foule ; de toutes parts on cria au scandale ; le jeune furieux frappait si bien d'estoc et de taille, il renversait à coups de massue tant d'idoles immuables sur leur lourd piédestal, qu'il dut soulever autour de lui de grandes haines, de violents sarcasmes et d'épouvantables risées ; mais le rude jouteur ne broncha pas, il écouta sans sourciller les bruits qu'il avait appelés ; fort de sa foi et de sa volonté, soutenu par un orgueil implacable, persévérant, malgré les sarcasmes, il continua bravement son œuvre de réforme et de régénération. — Bientôt les archéologues, les sculpteurs, les architectes, les peintres vinrent se ranger peu à peu sous la bannière qu'il avait plantée, et tous, par des efforts individuels, marchèrent à la conquête de la liberté dans l'art ; puis, quand la révolution de 1830 arriva, elle les trouva préparés au nouvel avenir dont elle ouvrait les perspectives. — Cette révolution ne fut pas seulement un acte brutal et populaire, c'était un abîme creusé entre le passé et l'avenir. — C'était une révolte intellectuelle et politique, une rupture éclatante avec toutes les anciennes idées. Aussi abusa-t-on largement de cette liberté subite et tellement éblouissante qu'elle veugla les plus sages. — La littérature, la poésie, qui ne craignaient plus le retour de la féodalité et du vasselage, se mirent à les chanter à l'unisson; les recherches d'histoire municipale d'Augustin Thierry, de Guizot, de Barante, les récits chevaleresques de Chateaubriand, de Michaud, de Marchangy, avaient alimenté cette passion du MOYEN AGE; l'archéologie, fouillant les vestiges des anciens monuments, fit naître l'amour des cathédrales et des manoirs; les peintres, guidés par Eug. Delacroix, Louis Boulanger, Bonnington et tant d'autres, prirent leurs inspirations dans les vieux missels, et rencontrèrent parfois la vérité et la naïveté. Boileau, Laharpe, David, Athènes, Rome, et toute l'ère impériale furent repoussés dans l'ombre; la fièvre du bric-à-brac s'empara de tous les esprits, même des plus graves; le style gothique fut appliqué à toutes les choses, et la sculpture, longtemps retardataire, dut aussi s'associer à ce grand mouvement, pour satisfaire aux exigences impérieuses de cette mode envahissante. Mais cette adoration irréfléchie pour un art dont le caractère est, avant tout, religieux et peu en rapport avec nos mœurs et nos usages bourgeois, devait s'éteindre rapidement. L'art du xvi° siècle, mélange heureux des mythes souriants de l'antiquité et de la gravité monacale des siècles précédents, fut retrouvé, aimé avec transports, et le goût en restera quoi qu'on fasse; mais bientôt il fut quelque peu délaissé pour l'art bâtard et hautainement guindé du *grand siècle* (dirons-nous avec tous les historiens), puis enfin pour le rocaille et les flou-flou du rococo; fantaisies sans principes, sans règles, débauches flamboyantes d'un siècle blasé qui s'enrubanait et se couronnait de fleurs en mourant.

Ces changements successifs, cette versatilité dans nos goûts, ces caprices de la mode, annonceraient-ils que nous sommes à une époque de décadence? Nous ne le croyons pas. Et ce qui le prouve, c'est que nous avons l'intelligence et l'admiration du passé, et aussi le pressentiment de l'avenir.

Pourtant de ce chaos d'idées et de styles remués et remis en lumière, aucune idée, aucun style nouveau n'a pu surgir. C'est que pendant qu'on secouait la poudre séculaire des livres jaunis, qu'on déroulait patiemment les longues pages gravées au front de nos vieilles basiliques, pendant qu'on ressoudait pièce à pièce les siècles disloqués, toutes les pensées, tous les yeux et tous les bras étaient occupés à ce grand travail de réhabilitation. — Tandis qu'on embaumait le passé au profit du présent, on ne pouvait songer aux destinées de l'art à naître; il était impossible de regarder à la fois deux horizons opposés. Mais, maintenant que la lutte est loin derrière nous, maintenant que les études sont calmes, patientes et raisonnées, une nouvelle philosophie, une nouvelle science peuvent naître et un nouvel art peut être créé. Aucun précurseur ne s'est encore révélé; mais pourquoi dire au génie de l'homme : Tu n'iras pas plus loin! Tant de mouvements sociaux, réputés impossibles, se sont accomplis en ce siècle turbulent, qu'il est bien permis de ne pas désespérer de la virilité de l'humanité.

Toutefois, s'il faut nous contenter, pour le moment, de l'imitation des types révélés au génie des races éteintes, qu'elle soit donc vraie et complète, qu'elle soit choisie et fécondante! L'imagination a aussi son originalité.

Rendons hommage à l'art ancien; respectons-le surtout ! — Quelle que soit origine, il est l'expression d'une croyance, un reflet des mœurs, et nous ne pouvons y toucher sans l'altérer et le flétrir.

Il faut, bon gré, mal gré, arracher notre société à ses habitudes de mesquinerie et d'économie, forcer les riches à sortir de leur carapace bourgeoise; en possédant, ils apprendront à aimer ! Le premier pas est sans doute le plus difficile; mais une fois qu'il est fait, les autres suivent rapidement. Voyez, depuis six années surtout, quels mouvements importants ont été provoqués par l'architecture. Jusqu'à nos jours, ce bel art, qui domine tous les autres, n'avait pu briser ses langes; — avorton étiolé, il restait emmailloté sous les froids portiques de l'antiquité ou dans les replis obscurs du moyen âge; il se débattait vainement contre le fronton grec et les chapiteaux classiques, — deux pères nourriciers depuis longtemps stériles; il serait mort indubitablement si quelques dévouements, trop ensevelis dans l'ombre, ne lui eussent donné un simulacre de vie, en attendant la nouvelle vie qu'il doit recevoir d'une nouvelle ère sociale. — Ils étaient bien audacieux les capitalistes qui ne craignirent pas de confier à de jeunes architectes, amoureux de leur art, la direction d'un édifice ou d'une maison sur des plans créés en dehors des us et coutumes. Ils furent bien plus osés ces généreux artistes qui, défiant la banqueroute et le déshonneur, prétendirent substituer l'art à la routine, la création, quoique timide, — au pastiche décoloré. Il fallait une rare présence d'esprit, et aussi un grand amour de l'art, pour réussir à élever, sans dépasser la somme allouée, sans cesser d'observer les conditions de solidité et de commodité, ces charmants hôtels du quartier Saint-Georges, merveilles admirées il y a quelques semaines, et déjà délaissées pour des constructions plus merveilleuses encore. Ces tentatives isolées ont décidé le mouvement qui ne doit plus s'arrêter désormais.

Le propriétaire ou le spéculateur, effrayé d'abord de cette végétation abondante qui poussait sur les façades, tentait d'arrêter le magicien dont le génie enfantait ces ornements inutiles ; mais l'architecte résistait énergiquement, et quand l'œuvre était achevée, le possesseur se mirait complaisamment dans sa splendeur architecturale. L'art avait conquis des adeptes dévoués.

Comment décorer les appartements qu'abritent de telles façades? En les mettant en rapport, et c'est ce que l'on fit. Le plafond à caissons nécessita des parois en harmonie, puis des meubles, puis des tapis, puis des tentures, enfin des bronzes, des cadres, des porcelaines, etc., etc. — Et si toutes ces choses furent recherchées, aimées, si elles le sont encore, c'est à l'architecture que l'industrie doit ces progrès.

Qu'on ne s'y méprenne pas toutefois : ces styles remis en honneur, ces goûts redevenus dominants, qui ne résultent plus aujourd'hui de nos croyances et de nos mœurs, n'auront de vitalité qu'autant qu'ils s'appuieront sur les anciens principes et qu'ils n'exagéreront pas les allures des styles et des goûts éteints. — Nos mœurs sont calmes, honnêtes et régulières, quoi qu'on dise, et si l'art industriel l'oubliait, il tomberait nécessairement dans le dévergondage et la stérilité. Le beau et le pittoresque sont régis par des lois éternelles qu'on ne méconnaît jamais impunément; ils peuvent vieillir, mourir, mais ils renaissent à de courts intervalles. Il ne faut pas oublier aussi que ce qui rend ridicule à nos yeux l'architecture académique, coupable de tous ces monuments bâtards, élevés par les arts thermidorien, du directoire, du consulat et de l'empire, — ce n'est pas seulement sa forme froide et guindée, mais c'est surtout l'ignorance de son imitation; elle mêlait indifféremment l'étrusque et le rococo, le grec et le moyen âge, l'égyptien et le chinois. — Elle fit naître les fontaines, les portiques, les meubles, les ornements que vous savez. — En un mot, pour mieux résumer cette accusation d'ignorance, elle imposa au théâtre et aux habitations ses prétendus palais grecs et romains, ses profils immobiles et la coupe de cheveux à la Titus, les toques empanachées des dignitaires de tous les régimes et le pourpoint nankin de Jean de Paris.

Eh bien, l'imitation fausse et tronquée des styles gothique et de la renaissance serait aussi ridicule que l'imitation irraisonnée des styles de l'antiquité. — En ajoutant à l'exubérance de grimaces et de contours du genre en vogue pendant le xviiie siècle, qui peut prévoir où s'arrêterait la superfétation? —

Nous sentions le besoin d'exprimer ces idées générales, qui se rattachent toutes à l'histoire des ameublements, d'évoquer les faits et les souvenirs du passé, afin d'aider à l'intelligence du présent. Nous allons essayer maintenant de dérouler avec soin, avec patience, avec clarté, le contingent apporté par chacun de nos habiles fabricants au concours de notre industrie nationale, et enfin de résumer les progrès, les efforts et les espérances de tous.

ANATOLE DAUVERGNE.

COMPTE RENDU

DE

L'EXPOSITION DE L'INDUSTRIE FRANÇAISE

en 1844.

SIÉGES, MEUBLES, TENTURES, DÉCORS DE LITS
ET DE CROISÉES, TAPIS, ÉTOFFES, ESTAMPÉS, BOIS DORÉS, BILLARDS,
DÉCORS D'APPARTEMENTS, ETC., ETC.

L'ouverture de l'Exposition nationale a tout à fait justifié la crainte que nous manifestions naguère de trouver insuffisantes, comme proportions, les reproductions habituelles du journal *le Garde-Meuble*. Aujourd'hui nous pouvons nous féliciter de la pensée que nous avons conçue d'élever un monument digne à la fois des efforts de nos fabricants et des sympathies des gens du monde. — En effet, la spécialité à laquelle nous nous sommes consacré brille d'un vif éclat au carré Marigny, et nous pouvons avancer, sans redouter le démenti de l'opinion publique, que les objets d'ameublement exposés absorbent la plus grande part de l'admiration accordée à tous ces produits si intéressants de l'industrie française. Quand, après avoir parcouru les longues galeries du palais des Champs-Élysées, ces galeries si riches, si éblouissantes, si attrayantes, si variées et si remplies; quand, las de comparer, parfois avec un ennui bien concevable, les machines, ténébreuses pour le plus grand nombre, les draperies d'Elbeuf ou de Sédan, les soies grèges de l'Ardèche ou de la Drôme, les coutelleries, etc., etc. ; enfin les mille produits souvent analogues qui exigent des connaissances sérieuses et acquises par un long et fréquent contact ; — quand, disons-nous, les visiteurs reviennent fatigués, harassés, étourdis, dans cette *Galerie du Nord* où sont étalés côte à côte les beaux meubles, les bronzes ciselés, les riches tentures de papiers peints, les tapisseries de toutes couleurs, les stores qui transmettent la lumière colorée et réjouissante, ils sont ramenés invinciblement par un désir que surexcite vivement l'absence, en d'autres lieux, d'un intérêt que nous oserons appeler souriant, dans les rangs pressés de ces délicates créations de nos habiles fabricants d'ameublements. — Chacun se trouve à l'aise au milieu de tous ces objets qui conviennent à chacun. Là, les pérégrinations, les haltes ne sont plus laborieuses comme ailleurs, on se laisse aller à une admiration instinctive, à des rêves de jouissance et de possession ; le plus modeste ménage, aussi bien que le plus riche, avoue ses désirs et l'espérance de les satisfaire.

Quatre-vingt-dix fabricants d'ébénisteries, de sculptures, de siéges, de marqueteries et d'estampés, ont prit part à la décoration vraiment féerique de cette salle spéciale de l'exposition de 1844. — Si nos lecteurs veulent bien nous suivre, nous allons parcourir avec soin, examiner avec patience, tous ces trésors, toutes ces parures qui sont prêtes à parer et à peupler nos demeures. Nous marcherons avec le hasard, cet excellent guide ; nous irons selon l'impulsion ou le caprice, sans prétendre établir des catégories pour toutes ces œuvres si diverses et dignes d'un égal intérêt.

Et tenez, voici d'abord un ameublement de chambre à coucher, ensemble complet et fort intéressant par le style et par le travail. Il sort des ateliers de M. LEMARCHAND, rue des Tournelles, n° 17 (N° 1882). Cet ingénieux ébéniste, dont la réputation est depuis longtemps assise, a produit une véritable œuvre d'art, destinée à rappeler les commencements de la féconde époque de la renaissance. Il a tenté, tout en tenant compte des usages et des allures modernes, d'ajuster quelques sobres ornements du style gothique fleuri, qui s'éteignait avec le quinzième siècle, sur les profils élégants et réguliers du style florentin, importé en France par les artistes italiens, attirés par Louis XII et François Ier. De ce mélange habilement combiné, et qui, avant tout, est homogène, M. Lemarchand a su faire un ameublement à la fois somptueux par ses sculptures, sévère et simple par la nature du bois employé, — car le palissandre seul a été appelé à sa confection, — mais non point avec cet aspect mystérieux qui semble la signature des époques féodales.

Œuvre d'art par son travail précieux, œuvre utile puisqu'elle peut être contenue dans les appartements du dix-neuvième siècle, cet ameublement est sans contredit un des efforts les plus louables de l'art industriel. Toutes les conditions sont remplies : imitation intelligente d'un beau style, ampleur de proportions, richesse d'ornementation, perfection de détails et appropriation convenable aux usages modernes : voilà un beau résultat.

Une description exacte et minutieuse du lit, de la commode avec étagère, de l'armoire à glace, et du bureau-étagère, exposés par M. Lemarchand, nous entraînerait trop loin ; nous renverrons nos lecteurs aux planches I et II, qui reproduisent fidèlement l'élégance et la précision de ce savant travail. Nous insisterons toutefois sur certains détails. Les figures, sculptées en ronde bosse, qui ornent ces meubles, représentent des personnifications symboliques ; ainsi celles qui couronnent les volutes du devant du lit invitent au silence ; celles de l'armoire rappellent les souvenirs de la toilette ; et celles de la commode indiquent suffisamment l'usage de ce meuble. Les figures, d'un excellent goût, d'une allure conforme au style généralement adopté, sont coupées et modelées avec une fermeté digne des plus beaux temps de l'art. Toutes les glaces de ces meubles sont biscautées, à la manière des miroirs si célèbres, autrefois, des fabriques de Murano, près de Venise. Le bureau-étagère destiné à renfermer des livres, des objets d'art, des chinoiseries, est d'une grande richesse de sculptures et d'une forme très-agréable. M. Lemarchand a exposé encore : une table en ébène avec incrustations de cuivre, et une autre charmante table en bois de noyer dans le style de la renaissance, supportée par des figures de fantaisie d'une exécution extrêmement remarquable (planche II).

M. Lemarchand peut revendiquer une des plus belles parts de la gloire de l'ébénisterie française, et nos éloges n'ajouteraient rien à l'admiration que le public exprime hautement en face des produits magnifiques de ce fabricant émérite.

Les siéges fabriqués par MM. ALLARD frères, ADVENEL et SIMON, rue du Faubourg du Temple, n° 95 (N° **3825**), sont en bois de palissandre et en bois dorés. Ils rappellent franchement ceux qui étaient en vogue aux meilleurs jours du siècle dernier. Le canapé en bois de palissandre, non garni, est à deux dossiers, réunis par un *fronton à hotte*. Sa forme est rajeunie, avec une certaine originalité qui la distingue de celles des *causeuses* et *duchesses* composées selon l'art du temps de Louis XV. L'écran en bois doré, dont nous donnons le dessin (planche III), est une pièce gracieuse.

MM. Allard frères, Advenel et Simon ont encore exposé plusieurs fauteuils dans le même goût ; entre autres, une *liseuse*. Les fonds sont argentés, et les sculptures, en relief, sont dorées en ors, vert et jaune.

Ces siéges ont été garnis dans les ateliers de M. DUVAL, tapissier, rue de

Cléry, n° 15, avec les tapisseries exécutées par les nouveaux procédés de MM. Louis VAYSON et PORET, dont nous parlerons tout à l'heure.

Cette garniture a été faite par le système qu'on appelle, en terme du métier, *d'épaisseur*. Le dossier tout entier et trois côtés du siége sont confectionnés dans ce système ; mais il est à remarquer, et c'est là qu'est l'excellence du travail de M. Duval, que la partie antérieure du siége est arrondie et souple ainsi que les accoudoirs, afin de ne pas laisser d'angles saillants et incommodes. En outre de cette notable amélioration dont les conséquences sont appréciables , il faut aussi louer l'habileté évidente de cette garniture, le choix intelligent et l'ajustement des passementeries ; en un mot, le travail si bien soigné de toutes parts, que les contours de tapisseries *épousent* complétement tous les mouvements du bois sculpté. Au reste, la maison de M. Duval est assez honorablement connue depuis longtemps pour que nous nous dispensions de provoquer davantage l'opinion publique sur les soins particuliers qu'elle consacre à tous ses travaux.

La présence, au palais de l'Industrie, de M. Duval, sans être personnellement exposant, nous fait regretter que MM. les tapissiers n'aient point essayé de concourir à l'embellissement de l'Exposition. Leur travail est tout à la fois un art et une industrie , et il nous semble que, dans leur intérêt, ils n'eussent point dû l'oublier. Or, ils ne sont représentés que par quelques rares siéges qui ne peuvent donner une idée suffisante des progrès qu'ils ont fait faire à cette industrie depuis plusieurs années. Pourquoi n'ont-ils pas offert à l'appréciation du public ces siéges élégants qui sont réellement le produit de leur main-d'œuvre ces décors de lits ou de croisées dont l'ajustement fait bien plus le mérite que les matières employées ? — Certes tout le monde y eût gagné. Si les riches et frais tissus, admis à l'Exposition, eussent été mis en œuvre par eux, on eût mieux jugé de l'effet à produire, du parti à tirer de certaines nuances, de certaines étoffes fabriquées spécialement pour cet emploi. — C'est une revanche à prendre.

Mais revenons aux tapisseries adaptées à ces siéges.

Ces tapisseries, dites mosaïques, proviennent de la fabrique de MM. VAYSON, PORET et Cⁱᵉ, rue du Faubourg-Saint-Jacques, n° 53 (N° **2873**). Dès l'ouverture de l'Exposition, l'opinion publique, vivement émue, s'est franchement exprimée sur le mérite de cette nouvelle invention, tellement ingénieuse et imprévue qu'elle ne peut manquer de bouleverser tous les procédés appliqués jusqu'à ce jour à la fabrication des tapisseries de toute espèce. — Encore restreintes aux décors des appartements, aux garnitures de meubles, ces tentures remarquables excitent au plus haut point l'intérêt et l'admiration. — Il nous serait aussi difficile d'expliquer le mécanisme dont se servent si habilement MM. Vayson,

Poret et C^{le}, que de faire comprendre à nos lecteurs la magnificence, la richesse, l'élégance de ces tapisseries qui seront bientôt en circulation à des prix très-modérés, inférieurs même à ceux des tapisseries d'un usage habituel.

Qu'on se figure une pièce de velours de laine, souple, soyeuse et d'un travail très-régulier : sur un fond uni d'une couleur chaude comme celle du grenat, s'enlacent, s'enchevêtrent, des fleurs, des feuillages, des oiseaux, des papillons. — Ces plantes, ces oiseaux, ces insectes, si secs de contours, si crus de tons dans les tapisseries ordinaires, semblent ici avoir été créés sur la palette de Saint-Jean ou sur celle de Diaz. Les clairs, les demi-teintes, les ombres, les reflets existent dans chaque tige, si mince qu'elle soit ; dans chaque fleur, si riche qu'elle soit ; dans chaque lépidoptère, si ténu qu'on puisse l'imaginer. — Aucune teinte ne heurte l'autre ; le clair-obscur des robustes peintres vénitiens a été transporté sur un tissu de caoutchouc. — Merveille sans égale ! Il ne manque que les parfums de la rosée et du soleil à ces bruyères, à ces dahlias, à ces tulipes, à ces camélias, à ces bluets, à ces fougères, à ces mousses, à ces liserons, à ces pivoines. — Ces beaux phalènes aux écailles imbriquées s'envoleront tout à l'heure. — Et ce bel oiseau, cet alcyon des poëtes anciens, va secouer ses ailes de lapis et d'azur, en se balançant coquettement sur les ruisseaux murmurants. — Oh ! nous n'exagérons pas, voyez ! il n'y a que la palette d'un peintre, et d'un grand peintre encore, qui puisse lutter de finesse, de transparence et d'éclat avec les tapisseries... nous allions dire coloriées, avec les tapisseries fabriquées par MM. Vayson, Poret et Cie, d'après les dessins de M. Cagniard, — dessins très-spirituels et fort complétement appropriés au genre de travail qu'ils doivent alimenter. — Et n'allez pas croire que la palette mécanique de MM. Vayson, Poret et Cie soit seulement habile à reproduire l'histoire naturelle : elle peut aussi traduire les masses savantes d'une peinture historique ou religieuse, les détails scrupuleux d'un portrait : — témoin cette jolie image du jeune comte de Paris, d'après François Winterhalter (pl. III). Il est facile de se convaincre, par l'étude de ce seul échantillon, que les fabricants n'ont plus qu'à vouloir pour obtenir les résultats les plus complets dans cette partie plus précieuse et plus difficile de leur ingénieuse fabrication.

Le contingent de siéges et de meubles exposés par M. VICTOR SELLIER, rue Rochechouart, n° 14 (N° **3808**), est sobre et modeste, et cependant la supériorité et le bon goût de ces siéges, si justement appréciés, conservent un de premiers rangs à ce consciencieux fabricant parmi les fabricants de cette spécialité. Nous ferons d'abord remarquer : 1° un fauteuil de grande dimension, composé dans le genre Louis XV, et orné d'une guirlande de fleurs couronnant le cintre. Le siége, de forme *gondole*, les enroulements des consoles et les gracieux contours

des accoudoirs, sont fort remarquables par la finesse de leur exécution (pl. IV) ;
2° un autre fauteuil dans le même style, siége à *bidet*, dossier droit, décoré aussi
de fleurs (pl. IV) ; 3° puis un autre fauteuil et une chaise d'un goût très-simple,
sans sculptures. Le mérite de la fabrication de ces siéges appartient à l'ébéniste seul. Ils sont en bois de charme, noirci et verni, imitant l'ébène, avec
appliques de cuivre doré. En supprimant ces ornements de cuivre, ces siéges, qui
restent remarquables par leurs heureux contours et par leur bonne exécution,
peuvent être offerts aux consommateurs à des prix très-modérés. Tous ces siéges
n'ont point été faits expressément pour l'Exposition ; bien qu'ils soient d'un
genre qui n'appartient qu'à M. Victor Sellier, il est possible à ce fabricant de
livrer aux commerce ces nouveaux modèles, qui sont exécutés chaque jour
en grande quantité dans ses ateliers de fabrication.

M. V. Sellier a encore exposé une *jardinière* à plateau en bois doré (pl. IV),
d'un style composé, qui ne manque pas d'élégance. Ce meuble de luxe peut
servir à différents usages : en retirant le vase de fleurs, il devient à volonté un
guéridon ou un porte-lumière ; une *table* de salon à *volets*, en palissandre, dans
le genre Louis XV, dont les pieds à *patins* sont fort gracieux de coupe ; et enfin
un *buffet* de salle à manger à moulures très-simples. Ce dernier meuble, d'un
aspect assez sévère, n'a point d'étagère, et n'est orné d'aucunes sculptures ;
les trois portes de devant sont à panneaux saillants ; mais c'est surtout à cause
de cette extrême simplicité, qui est loin d'être dépourvue d'élégance, que ce
buffet, d'une exécution irréprochable, mérite une mention toute spéciale. Nous
terminerons cette analyse de l'exhibition de M. Victor Sellier par cet éloge simple
comme ses produits : Tous ces objets d'ameublement sont dignes de la haute
réputation accordée aux travaux de ses ateliers.

Voici maintenant des meubles, des travaux d'un goût différent, et qui méritent une attention particulière. Nous voulons parler des produits de M. MARCELIN,
fabricant de mosaïques, en bois, métaux, ivoires de couleurs, etc., petite rue de
Reuilly, n° 3 (N° **2342**). M. Marcelin a exposé des meubles, entre autres : une
bibliothèque, d'un style rectiligne, ornée de marqueteries régulières. Une table
dite de *canapé*, dont le dessus est composé aussi de marqueteries, et une
grande quantité d'objets de fantaisie, d'échantillons, de modèles réduits de
parquets qu'il peut exécuter dans toutes les dimensions désirables. Tous ces
produits sont remarquables par les proportions des coupes, par les nuances et
par leur extrême précision. Les bois, les métaux, les ivoires de couleurs, forment des mosaïques d'un fini parfait, et les difficultés que présente un tel
assemblage sont si exactement vaincues, qu'une mosaïque de moins d'un
décimètre carré de superficie, exposée par ce fabricant, contient 6500 pièces

diverses. L'exécution en est telle qu'on peut examiner les détails à la loupe.

D'ailleurs, que M. Marcelin applique ses mosaïques à des parquets, à des meubles, ou à tout autre objet, on peut être certain que l'exécution en est parfaite et que tous les détails du travail sont également soignés. On est vraiment surpris de ces combinaisons de lignes et de coupes, de cette exactitude dans des matières aussi difficiles à travailler, et du bon goût des dessins et des nuances combinés entre eux et placés au milieu d'un fond mosaïque lui-même, dont le travail, inaperçu d'abord, rehausse encore la valeur et les difficultés de l'ouvrage entier.

Aussi plaçons-nous les produits de M. Marcelin au premier rang parmi les objets d'art mécanique, et d'un art vraiment profond, où à une théorie admirable se trouve jointe une pratique non moins admirable. Il est facile de prévoir que ce genre de travaux doit faire époque, et nous ne craignons pas d'affirmer que cette incontestable supériorité acquise par M. Marcelin sur tous ses devanciers, il ne la doit qu'à une persévérance infatigable et à une patience à toute épreuve.

La fabrication de l'estampé a fait d'immenses progrès que nous signalerons à l'endroit de chaque fabricant. Nous commencerons par M. BORDEAUX, rue Saint-Sauveur, n° 12 (N° 3292). Cet inventif et persévérant fabricant a exposé une grande quantité de modèles très-variés, de galeries, de couronnements de croisées, en cuivre estampé, en bois doré, en bois de palissandre, de nombreuses patères, porte-embrasses en cuivre doré, puis des baldaquins en estampé, en bois de palissandre et en bois doré. Toute cette collection, si riche, est presque impossible à analyser. Nous signalerons cependant les pièces les plus importantes que nous avons reproduites par la lithographie (pl. V). En tête de cette planche est un baldaquin en bois doré, de vastes proportions, composé dans le genre Louis XV; puis un couronnement de croisée aussi en bois doré et dans le même goût; tous deux exécutés avec un grand soin.

Le troisième dessin représente une galerie en cuivre estampé, d'un modèle tout nouveau, et offrant un relief égal à celui qu'on peut obtenir du bois sculpté. Ce résultat, atteint par M. Bordeaux, est d'une importance que tout le monde comprendra; désormais le cuivre estampé, souvent plat et froid d'aspect dans les ornements d'un grand développement, pourra rivaliser avec la sculpture et la remplacer économiquement, en ajoutant même aux conditions évidentes de solidité et de durée. Puis enfin, une galerie en cuivre estampé appliquée sur un fond de velours, dont l'effet est véritablement agréable. Ces deux derniers objets, traités avec prédilection sous tous les rapports, présentent une combinaison d'ornements d'un style assez pur, et ne peuvent manquer d'être recherchés pour faire partie d'ameublements de luxe et de fantaisie.

En général, il est impossible de mieux choisir ses modèles que M. Bordeaux, ce qui nous permet d'affirmer que l'Exposition de 1844 maintiendra cet habile fabricant à la place honorable qu'il a conquise parmi ses confrères.

Nous avons prouvé suffisamment, dans notre introduction, que nous n'étions pas de ceux qui, vouant au passé une admiration exclusive, refusent au présent tout éloge et toute justice, et méconnaissent les efforts et les progrès des arts et de l'industrie. L'architecture a déchiré ses langes ; nos écoles de peinture, dans leurs divers genres de manifestations, sans répudier les nobles traditions des arts anciens, entrent dans une voie dont on ne saurait contester l'originalité ; nos sculpteurs ne dédaignent plus l'expression et la fantaisie, deux qualités repoussées constamment par les lois immobiles des académies ; il ne manque plus aux beaux-arts que la foi, — ce rayon sacré qui échauffe et vivifie. Mais cette absence de croyance est-elle un obstacle sérieux au développement intellectuel des arts, comme l'ont prétendu beaucoup d'écrivains ? nous ne pouvons le croire. Michel-Ange traça son gigantesque *Jugement dernier* sous l'influence terrible des souvenirs de la mort du moine Savonarole ; mais croyait-il sincèrement à l'enfer ? Le divin peintre des Madones, Raphaël Sanzio lui-même, adora la beauté pure et puissante de l'ardente Fornarina, la passion de l'homme féconda le génie de l'artiste ; mais avait-il une foi bien robuste, l'élégant jeune homme, esclave né du plaisir, qui succombe avant l'heure, ruiné par l'excès des jouissances ? Quelle pouvait donc être la foi de Benvenuto Cellini, duelliste, assassin, débauché, et cependant un des plus admirables artistes de son temps ? Non, ce n'est pas là qu'est l'obstacle. — Ce n'est point parce que l'art contemporain est déshérité de la foi ancienne qu'il ne peut produire des chefs-d'œuvre dignes de rivaliser avec ceux des grandes époques de l'art : les causes en sont ailleurs. — Notre organisation politique, la division communale de notre territoire, nos habitudes de conservation, d'économie, le désir individuel d'un bien-être étroit et presque caché, l'air et l'espace mesurés mathématiquement dans toutes nos demeures, l'exiguité, la gaucherie de nos costumes, ne sont-ce pas là les causes qui s'opposent au maintien et au développement des beaux-arts et des arts industriels ?

Que peut exiger une époque qui transforme les temples et les palais en boudoirs, qui rase les vastes châteaux pour élever à leur place de petits pavillons blanchis à la chaux, qui déracine les vieux arbres des parcs pour y semer des haricots et des betteraves, qui baisse les plafonds, restreint les portes, rend les baies des fenêtres exiguës comme les vieilles barbacanes des manoirs, qui met des housses de gaze sur les dorures, des chemises de toile grise sur les meubles polis, et trace des chemins de percaline sur les tapis des salons ? — Demandera-t-elle aux arts les magnifiques peintures laissées par Tintoret et Véronèse sur les murailles des vieux palais vénitiens, les escaliers, les portiques, les galeries de Vicence, de Gênes ou de Florence ? Demandera-t-elle aux arts industriels les hauts fauteuils armoriés, les chaises sculptées, les crédences, les vastes bahuts des quinzième et seizième siècles ? Eh ! mon Dieu, non, elle ne peut vouloir que des choses relatives à son allure évidente, et cette allure est tout à fait opposée aux grands épanchements des arts.

La magnificence des habitations de nos pères ne peut guère s'allier au bien-être du coin du feu que nous recherchons dans nos petits appartements. — D'ailleurs, et avant tout, plane sur nos idées et sur nos actions un monstre indomptable, pourvu d'un plus grand nombre de têtes que l'hydre de Lerne et qu'aucun nouvel Hercule ne pourrait terrasser : LE PRODUIT !! Oui, la chose *utile et qui rapporte* est la seule prisable aux yeux de tous.

L'art ne rapporte rien, il ne procure qu'une jouissance intime. L'art est gentilhomme, et nous ne sommes plus que des bourgeois endimanchés.

C'est pourquoi nous nous inclinons encore, avec une admiration respectueuse, devant certaines productions de l'art industriel qui semblent n'avoir été mises au jour que pour nous faire regretter plus vivement leur fatal exil. Assurément, ces objets-là ne sont ni utiles ni indispensables, et cependant, rien qu'à les voir, on se sent ravi d'aise ; on les aime, on les désire, on les revoit de nouveau, et on les désire encore. Nos lecteurs devinent sans doute que nous voulons parler du meuble de MM. GROHÉ frères, ébénistes du roi, rue de Varennes, n° 30 (N° 3817). — L'extrême complication de ce meuble ne nous a pas permis de le dessiner ; nous allons essayer de le décrire et de le nommer. D'abord, il est tout en bois d'ébène, sans aucune incrustation, sans aucun ornement en matières étrangères. — Sur un pivot semblable à ceux des lutrins d'église, s'élève une lanterne carrée, divisée dans sa hauteur par trois tablettes et dans son épaisseur par des compartiments à angles égaux. — Dans ces douze cases, formées par les combinaisons des tablettes et des compartiments, on peut placer, selon sa fantaisie, des petits bronzes antiques, des émaux, des miniatures, des pierres gravées, des tableautins, des ivoires, des chinoiseries, des médailles, des missels, enfin les mille objets d'art précieux qui donnent tant de jouissances aux amateurs privilégiés. — Nous appellerons donc ce meuble encore innommé, un *Musée-Étagère* à pivot. Cette dénomination acceptée, nous pouvons compléter notre description.

Conçu dans le goût le plus pur et le plus original de la renaissance, ce meuble est exécuté avec un art tellement admirable que nous ne craignons pas d'affirmer qu'il est de bien loin supérieur à ce qui nous est resté de la dernière moitié du seizième siècle. — Cette opinion n'est point exagérée. Pour s'en convaincre, il est facile d'aller comparer, à l'hôtel de Cluny, le mobilier complet en bois d'ébène qui garnit la troisième salle, et qui passe pour un des ameublements les plus gracieux de cette époque ; on trouvera, comme nous, que l'on oppose avec beaucoup trop d'ingratitude et de légèreté ces reliques d'un art qui fut loin d'être complet aux résultats, plus positifs et plus sérieux, obtenus par nos ébénistes modernes, et dans des conditions toutes moins favorables. — Le meuble de MM. Grohé frères révèle non-seulement une supériorité incontestable d'exécution, mais encore un choix remarquable de matériaux, une étude approfondie des allures poétiques de ce beau style de la renaissance. Nous n'offrirons, pour preuve de cette assertion, que les statues sculptées placées dans les niches des quatre angles du musée-étagère. Ces statues, qui représentent les personnifications symboliques, avec les attributs consacrés de L'HISTOIRE, de L'ARCHITECTURE, de la SCULPTURE et de la NUMISMATIQUE, rappellent, mais sobrement, mais en les corrigeant, les contours renflés, les draperies volantes, mises à la mode par Primatice et ses élèves. — C'est là, si nous ne nous trompons, un rare mérite d'observation. Quatre arcs-boutants, dentelés de feuilles de choux frisés, et supportant une campanille avec de légers pignons tournés et sculptés, donnent au couronnement l'aspect le plus gracieux ; des amours, dont les torses se terminent en queue de poisson, ornent les pieds de ce meuble, dont l'ensemble est d'un goût exquis et d'un fini parfait. MM. Grohé frères devraient bien réclamer de la fabrique de la paroisse de Saint-Eustache de Paris l'exécution d'un lutrin pour le chœur de cette église, dont ils ont si bien étudié et compris le style.

S. A. R. M. le duc de Nemours a rendu hommage au talent de MM. Grohé frères en acquérant noblement le *musée-étagère* de ces remarquables artistes. Il est beau de voir les princes de la famille royale donner ainsi l'exemple et encourager les efforts de l'industrie de luxe et d'art. Pour notre part, nous remercions vivement M. le duc de Nemours de ce témoignage de sympathie hautement accordé à des industriels aussi distingués ; — il possédera un meuble qui ne sera pas le moindre ornement de ses salons et qui fera toujours honneur à son goût et à son intelligence.

Nous aurions dû, pour suivre l'ordre chronologique des styles reproduits dans les meubles exposés par MM. Grohé frères, signaler d'abord leur *prie-Dieu*, en noyer sculpté, dans le style du quinzième siècle ; mais bien que cet objet soit digne d'attention et d'intérêt, il nous a paru ne mériter que la seconde place. Là encore MM. Grohé frères prouvent qu'ils ne sont ni des copistes serviles ni des imitateurs *quand même*. Ce *prie-Dieu* peut être placé dans l'oratoire d'une maison de Paris, aussi bien que dans la chapelle gothique d'un château ; en un mot, il est approprié à notre époque, tout en restant pur de style. Les anges qui surmontent les dais à pignons tréflés du couronnement de l'autel, la croix qui domine le tout, sont d'une grande délicatesse. Un phylactère se déroule sous l'image de la Madone, et au-dessous un joli bénitier complète l'ornementation. Le petit tableau à deux volets qui décore le panneau de ce prie-Dieu donne le cachet de l'époque à ce meuble religieux. — Il serait facile de compléter la décoration du boudoir gothique qui recevrait le *prie-Dieu* de MM. Grohé frères, en plaçant en regard une belle figure du Christ ou de la Vierge, comme Carlo Dolci les savait peindre, encadrée dans la jolie bordure gothique exposée par M. SOUTY, doreur sur bois, place du Louvre, n° 18 (N° 3788), et dont l'habile dessinateur Vivant Beaucé a fourni le motif.

— Notre planche VI reproduit un buffet du style de la renaissance (Henri II), en bois de chêne, avec de précieuses incrustations en *lapis lazzuli*. Ce meuble, d'un goût sévère, est très-remarquablement exécuté. — MM. Grohé frères ont encore exposé, entre autres, un *buffet-bahut* en bois de palissandre, avec appliques de cuivre doré, dans le style de la renaissance ; — plusieurs bahuts et consoles, en bois d'ébène, avec appliques de cuivre doré, dans le genre mixte de Louis XIV et Louis XV; un lit en ébène, une armoire à glace dans le même goût, un fauteuil en acajou d'un fort joli modèle, et enfin une *jardinière* carrée, en ébène, avec ornements dorés, dont nous ne saurions trop louer l'exquise délicatesse.

Cette courte analyse pourra cependant faire comprendre que les travaux de MM. Grohé frères assignent à ces intelligents artistes une supériorité évidente. — Non-seulement leur fabrication ne laisse rien à désirer sous le rapport matériel, mais le goût qui préside à toutes leurs créations prouve qu'ils ont fait une étude longue et approfondie de l'ébénisterie d'art, et que cette étude leur a permis de conserver à leurs emprunts un caractère d'originalité qui équivaut presque à la découverte d'un nouveau style. L'industrie ainsi comprise devient un art profond.

Voici maintenant un effort de l'art mécanique, d'une véritable importance, et auquel la saison dans laquelle nous entrons donne un grand intérêt d'actualité. — C'est le *billard-table* de M. LACAN-AUBRY, à Orléans (N° 120). Au moyen de l'ingénieuse combinaison de M. Lacan, le billard, meuble de luxe, qui exigeait une salle spéciale, peut devenir l'hôte commode et opportun des appartements les plus modestes. — Il peut, au gré de l'heureux propriétaire, servir, tour à tour et en quelques heures, à trois choses utiles et fort appré-ciables, surtout à la campagne.

Une fois le billard transporté et monté dans l'appartement qui doit le con-tenir, il devient le Protée que vous allez voir.— Supposons un de ces honnêtes propriétaires ou rentiers, assez aisés pour se permettre un double domicile, à la ville et à la campagne, mais pas assez riches pour posséder ou louer une maison tout entière. — Dans chacun de ces logis, notre homme n'a qu'un salon, — et c'est, ma foi, bien assez ; et avec ce salon il voudrait bien joindre la salle de billard, même aux dépens de la salle à manger. — Grâce à M. Lacan, tous ses vœux sont exaucés et même au delà. — Le dimanche arrive, quinze amis viennent réclamer un lit et la fortune du pot. Comment faire, pendant que la domestique court chez les fournisseurs, après le gigot, les poissons, etc., pour occuper tous ces désœuvrés et joyeux affamés ? On propose une partie, on l'accepte, sans songer à la salle à manger qu'on n'a pas encore entrevue chez notre citadin émancipé. — On joue, mais la faim presse, et la Maritorne est la bienvenue, en annonçant que son dîner est prêt. Cric, en deux tours de manivelle, le billard est baissé d'une trentaine de centimètres, des planches ajustées sont placées sur la table du billard, en un clin d'œil la nappe est mise, les couverts rangés, la soupe est servie. On dîne. Le repas a excité la bonne humeur des convives, on chuchotte, on parle de danser, après avoir pris le moka brûlant que l'on a servi sous la tonnelle du jardin. — Crac, un autre tour de manivelle renverse la table du billard, et voilà un pupitre pour l'or-chestre. Le tout roule sur un chariot dans un angle du salon. — En avant deux, et chacun de s'écheveler dans une délirante polka. Mais la danse a une fin, comme toutes choses de ce bas monde ; les yeux papillotent, les bouches bâillent. On apporte les matelas, et là le billard joue encore un rôle, deux même au besoin : il sert à volonté de cloison entre deux lits de sangle, ou de fond sanglé pour deux matelas. Le lendemain, on le pousse dans un corridor, et le salon reste libre jusqu'au dimanche suivant.

— Nous n'avons encore reconnu que ces transformations au billard-table de M. Lacan, mais laissez faire nos industrieux Parisiens en goguette, et bientôt il sera le meuble unique, nécessaire, indispensable. — Il ne suffisait pas de plier un billard à toutes ces nécessités, au moyen d'un mécanisme quelconque, il fallait encore que ce meuble ainsi organisé ne dépassât pas le prix d'un bon billard ordinaire ; c'est ce qu'a fait M. Lacan. Il sera plus d'une fois remercié de sa persévérance à rendre utile un meuble qui n'a été jusqu'ici qu'onéreux et toujours difficile à placer.

Une autre invention qui promet des résultats incalculables, c'est celle de

M. le docteur Boucherie, de Bordeaux (N° 985). Au moyen d'une préparation chimique introduite dans les troncs d'arbres à l'époque de la sève, — nous le présumons du moins, car aucun détail ne nous a été fourni à cet égard, — le bois entier subit l'action colorante de cette greffe acidifère, et acquiert en même temps des propriétés nouvelles ; la végétation, en se développant, porte dans tous les rameaux, avec les sucs nourriciers, l'essence de la matière injectée qui colore et conserve, même après la mort de l'arbre, le bois et ses filaments. Les bois ainsi préparés, outre qu'ils deviennent inaltérables, inaccessibles aux insectes et qu'ils défient plus hardiment les ravages de l'air et du temps, peuvent être employés facilement dans la fabrication des meubles et de tous les objets d'un usage intérieur. Si le procédé de M. Boucherie peut être facilement appliqué, si le prix de revient n'ajoute que peu de chose aux prix habituels de nos bois indigènes, évidemment, dans un temps donné fort court, il produira une révolution complète dans la menuiserie, l'ébénisterie et dans toutes les autres industries tributaires de l'Afrique et de l'Amérique. Il suffira d'un caprice de la mode pour que nous cessions de payer ces tributs onéreux.

Toutes les essences de bois se prêtent également à l'infiltration colorante de M. Boucherie, le charme comme le chêne, l'orme comme l'érable ; les mouvements noueux, les veines particulières à ces diverses essences, jusqu'alors inaperçues, apparaissent vigoureusement, et l'on peut, sans hésiter, affirmer qu'ils sont dans des conditions gracieuses et pittoresques égales, sinon supérieures, à ceux des bois les plus précieux, les plus rares et partant les plus chers. Un autre avantage qui nous semble évident et appréciable, c'est que nos meubles pourront être en harmonie avec les couleurs claires et gaies des étoffes. On ne peut le nier, le noyer, le palissandre, l'ébène, l'acajou, déterminent souvent la physionomie triste et sévère de certains appartements. Un ameublement de chambre à coucher, exécuté avec les bois coloriés en bleu riche, en gris tourterelle, en jaune capucine, serait sans contredit d'un aspect fort agréable, surtout si les draperies étaient assorties avec goût. L'avenir nous apprendra le parti que l'on peut tirer de cette nouvelle découverte ; en attendant, faisons des vœux pour qu'elle devienne populaire et qu'elle aide à nous affranchir des végétaux exotiques.

Revenons aux meubles fabriqués.

MM. Fourdinois et Fossey, rue Amelot, n° 38 (N° 3635), méritent, comme MM. Grohé frères, une longue mention et les éloges les plus sérieux. Ces habiles sculpteurs, voués à l'art plus qu'à l'industrie, ont exposé un grand nombre de meubles et d'objets sculptés, qui sont tous recommandables par leurs qualités supérieures.

Le morceau capital, sorti des ateliers de MM. Fourdinois et Fossey, est un grand *buffet-dressoir*, qui peut être placé à volonté, soit dans une salle à manger, pour renfermer la vaisselle plate et les diverses pièces qui composent un service de luxe et d'apparat, soit dans un cabinet d'amateur, pour recevoir de belles pièces d'orfévrerie, de porcelaine, de verrerie, en un mot, toutes les curiosités précieuses qui n'ont pas de destination spéciale.

Ce meuble, en beau bois de noyer, est composé dans le style avancé de la renaissance, sous le règne de Charles IX environ. Ses proportions sont vastes et son aspect est, à la fois, grave et sévère. La partie inférieure, le buffet, est fermée par deux vantaux à angles arrondis; le couronnement du dressoir est formé de trois voussures de hauteur inégale, supportées par des pilastres ornés de figures de Faunes. — MM. Fourdinois et Fossey ont arrangé le style de ce dressoir de façon qu'il puisse être convenablement placé dans une salle déjà décorée, c'est-à-dire qu'ils lui ont donné une forme à la fois sévère et riche, monumentale et coquette; conditions qui conviennent également à l'ameublement d'une vaste salle à manger, ainsi qu'à la décoration d'un cabinet d'antiquités. — En effet, l'aspect de ce meuble est véritablement monumental, rien qu'en signalant ses dimensions exactes, qui ne sont pas moindres de trois mètres cinquante centimètres de hauteur, et de trois mètres de largeur. Ajoutons encore que l'exécution de ce beau morceau ne laisse rien à désirer, que les sculptures en sont d'une remarquable précision, et que, dans le détail comme dans l'ensemble, elles témoignent du soin et de la conscience que MM. Fourdinois et Fossey apportent dans tous leurs travaux.

Ces habiles sculpteurs ont encore exposé plusieurs autres meubles d'art, en bois sculpté et préparé pour être doré. Cette absence de la dorure permet de constater la pureté du dessin et le soin extrême apporté dans tous les détails. Nous signalerons d'abord un élégant *prie-Dieu* composé dans le genre Louis XV, d'une forme gracieuse et assez sévère, eu égard aux fantaisies de ce genre; puis deux petites consoles ou crédences d'un joli goût, l'une dans le style de la renaissance. l'autre dans le style de Louis XIV; puis encore, une chaise sculptée pour être dorée, dans le genre Louis XV. Notre planche VII reproduit les autres objets qui complètent le contingent exposé par MM. Fourdinois et Fossey : 1° Une grande console en bois sculpté pour être doré, soutenue de chaque côté par deux gros enfants accouplés, sculptés en ronde bosse, et enlacés par des guirlandes de fleurs et de fruits. Ce meuble, par ses formes amples et par le caractère de ses sculptures, rappelle avec bonheur le goût dominant du siècle de Louis XIV. 2° Une des deux torchères, genre Louis XV, dont il est facile d'apprécier l'élégance et la richesse. 3° Une chaise, toujours en bois sculpté et destiné à être doré, dans le genre Louis XVI. 4° Et enfin la petite console, genre Louis XIV, dont nous avons parlé plus haut.

Tous ces meubles sont d'un excellent goût et portent le cachet d'un véritable talent. Ils justifient la belle réputation acquise à MM. Fourdinois et Fossey par leurs précédents travaux. Nous ferons observer encore que ces deux remarquables artistes ne se restreignent pas à la seule fabrication des meubles ; ils exécutent tous les autres genres de sculptures, tant sur la pierre que sur le bois, pour les décorations extérieures et intérieures des habitations, et ils composent des modèles pour les bronzes, tels que lustres, candélabres, pendules, etc. La pendule placée sur la grande console reproduite dans notre planche VII est un modèle en plâtre destiné à être fondu en bronze et que nous avons dessiné dans leurs ateliers, pour montrer l'habileté de MM. Fourdinois et Fossey, dans cette autre spécialité de la sculpture industrielle.

Nous classerons encore parmi les meubles d'art le *lutrin* en bois de chêne sculpté, de M. Delabroize, place de la Fidélité, n° 1 (N° **2062**). Ce lutrin est composé selon le style riche du quinzième siècle. Il est d'une forme assez pure, bien que les chapiteaux des colonnes, qui entourent la tige du pupitre, nous paraissent rappeler le treizième siècle plutôt que le quinzième. La masse en est heureuse et doit parfaitement s'harmonier avec les lignes d'une église gothique. Les détails de la sculpture sont très-recommandables ; ils sont précis, fermes, savants et témoignent d'une étude sérieuse des monuments de cette belle époque de l'art. Ce lutrin ne peut manquer de trouver place, et une digne place assurément, dans une des nombreuses églises gothiques de nos provinces, si la chose n'est déjà faite. L'installation de ce lutrin sera une bonne fortune pour le prêtre et pour les paroissiens, qui compléteront ainsi la décoration de leurs églises, le plus souvent maculées par des ornements qui déparent le style primitif et générateur de l'édifice.

Voici, non loin du lutrin de M. Delabroize, les résultats obtenus par un mécanisme employé par M. Renault, rue de la Roquette, n° 18 (N° **3907**). Ce sont des pieds de tables et autres meubles, qu'un tour mécanique creuse à jour, en spirales, en torsades, avec des enroulements, des losanges, des perles. Ces pieds, d'une légèreté et d'une délicatesse infinies, peuvent donner un nouvel essor à cette branche de l'ébénisterie. — La solidité, la résistance de ces supports nécessaires, ne sont point ébranlées ni détruites par les cavités pratiquées dans leur épaisseur. C'est donc encore là une production élégante et louable, puisqu'elle ne retire rien aux conditions nécessaires d'utilité et de solidité. L'aspect des meubles y gagnera en légèreté et en délicatesse. Or, en recommandant avec insistance les pieds tournés de M. Renault, nous croyons rendre service aux fabricants spéciaux aussi bien qu'aux consommateurs de toutes les classes.

Revenons un peu aux siéges si recommandables, exposés cette année.

Ceux de M. FAURE, rue du Faubourg-Saint-Denis, n° 14 (N° 1277), méritent une attention particulière. Ce fabricant, depuis longtemps en réputation pour cette spécialité importante de l'ameublement, a produit de nouveaux modèles dont l'élégance et la pureté sont véritablement incontestables. Scrupuleux avant tout, il observe, avec le plus grand soin, la différence des styles, et fait en sorte qu'un siége sorti de ses ateliers ne présente point cette confusion, si déplorable, d'ornements empruntés à toutes les époques, sous prétexte de richesse et de luxe. — Sobre, au contraire, de ces caprices d'ornementation, il choisit un motif heureux et le développe dans le sens le plus raisonnable et le plus avantageux.

Parmi les siéges exposés par M. Faure, nous citerons d'abord un fort beau canapé que nous avons dessiné en tête de la planche IX. Ce canapé, en bois de palissandre, est composé selon le style de la renaissance; il est de forme *gondole* et à trois dossiers.

Chaque dossier ne forme qu'un seul *cuir* ou cartouche pour recevoir une garniture ovale. — Ce cartouche est découpé de telle manière que chaque enroulement devient utile, tant pour soutenir les frontons que pour recevoir les accoudoirs et les pieds qui les supportent. Le fronton principal est décoré d'une tête encastrée dans un joli cartouche, et les deux autres frontons se terminent par des feuilles d'acanthe qui laissent échapper des grappes de fruits d'un travail délicieux. Nous n'avons pu reproduire le beau fauteuil, du même style et composé avec les mêmes ornements, que M. Faure a encore exposé. Toutes les sculptures de ces deux siéges sont bien en rapport avec la composition générale, qui ne laisse rien à désirer, sous le rapport du goût et de l'exécution, et qui ne rappelle aucune des formes vulgarisées dans le commerce.

Notre planche IX reproduit encore 1° un autre fauteuil-médaillon, forme gondole, en bois doré, genre Louis XV, d'un goût très-délicat et d'une légèreté charmante. — Les sculptures de ce fauteuil sont extrêmement soignées et méritent que nous les recommandions à l'attention des amateurs. 2° Une jolie chaise en bois de palissandre, composée dans le genre Louis XV avec une nouvelle recherche; cette chaise est ornée de sculptures très-fines et très-soignées.

En général, les siéges de M. Faure sont remarquables par une grande légèreté de sculptures, par la grâce toute particulière de leurs formes et par leur belle exécution.

Il n'est pas inutile de faire observer que les prix de ce fabricant lui permettent de livrer à la consommation la plus modeste tous ces jolis modèles, dont les ornements sont parfaitement appropriés aux habitudes modernes.

Les siéges de M. BALNY jeune, rue de Charenton, nᵒˢ 32 et 37 (Nᵒ 3824), ne procèdent positivement d'aucune époque, ne dérivent pas absolument d'un style consacré, et, malgré cette absence d'imitation mathématique, peut-être même à cause de cette absence, réclament une analyse spéciale. Nous ne dirons donc pas des siéges de M. Balny qu'ils sont scrupuleusement conçus dans tel ou tel style, mais nous féliciterons cet audacieux fabricant d'avoir choisi des combinaisons selon son goût, selon ses idées, en un mot, d'avoir suivi sa fantaisie, tout en respectant certaines traditions qu'il est presque impossible de repousser entièrement. Ces tentatives ne seraient sans doute pas également heureuses, faites par le premier venu, et, pour notre part, nous serions loin de leur accorder une approbation légitime ; mais M. Balny est homme de goût et de savoir, il a l'esprit chercheur, et il lui est bien permis de tenter de sortir des routes battues. Le caractère distinctif des siéges de M. Balny est l'ampleur. Ses fauteuils s'étalent et se courbent avec une certaine audace ; leurs formes sont vastes, il y a du grandiose dans leurs allures ; les sculptures courent, se déploient, s'enchevêtrent avec une grâce, avec une aisance infinies. — Ce ne sont point des ornements péniblement inventés ; on sent que c'est un artiste, et un artiste habile, sûr de ses effets, qui a modelé tous ces enroulements, sans tâtonner, avec tout le jet de l'improvisation. En un mot, c'est de l'art, mais de l'art capricieux, vagabond, plein de fantaisie et d'imprévu, de grâce — cela va sans dire ; nos éloges seraient plus restreints si cette qualité ne dominait toutes les autres dans les siéges de M. Balny.

Nos lecteurs apprécieront mieux encore les fauteuils, chaises et canapés de M. Balny en étudiant les trois pièces que nous avons reproduites dans notre dessin lithographique, planche VIII.

En tête est un canapé, en bois de palissandre, d'une coupe ample et gracieuse, dont le dossier est d'un seul morceau et dont les côtés sont plus élevés que le centre. Ce canapé, qui n'appartient pas plus au style Louis XIV qu'au genre Louis XV, nous semble rappeler les motifs d'architecture et d'ornementation inventés et gravés pendant la première partie du dix-huitième siècle par Giovanni Giardini. — Ce goût, mis à la mode en Italie par le cavalier Bernin, et développé par l'école qui lui succéda, a pour principe certains ornements en crochets, larges, arrondis, recouverts de feuilles contournées. Il a plus de puissance, s'il est permis de s'exprimer ainsi, que le genre Louis XV, et moins d'afféterie et de guindé que le style Louis XIV. — Le fauteuil qui se trouve sur la même planche VIII, est dans le même goût, plus riche encore, plus ample de contours et de reliefs.

Nous en dirons autant de la *chauffeuse* qui accompagne ce fauteuil. M. Balny a encore exposé un fauteuil, en palissandre, dans le style de la renaissance, avec colonnes torses, courbes, innovation fort heureuse dont il peut réclamer tout l'honneur ; par ce moyen, le dossier se prête plus agréablement aux mouvements du corps, et nous devons faire remarquer l'importance de cette ingénieuse amélioration. — Il y a encore une petite chaise en palissandre, d'une adorable fantaisie, dans le goût Louis XV, mais assurément plus heureuse de forme, plus spirituelle de physionomie que celles qui nous restent du siècle de la Pompadour.

En général, nos éloges et nos sympathies sont acquis aux travaux de M. Balny, qui est tout à la fois un industriel habile et un artiste de goût. S'il ne nous offre pas des *fac simile* des siéges des autres époques, il nous montre au moins des modèles qui peuvent passer pour originaux, tant il a su leur donner une physionomie individuelle.

Les imitateurs de Boule, de Riesener, etc., sont en grand nombre à l'exposition de 1844. Ils ont copié à qui mieux mieux, en véritables esclaves, les meubles des grandes habitations du dix-huitième siècle ; leurs *trompe-l'œil* sont admirables, il est vrai ; mais, en bonne conscience, pouvons-nous accorder des éloges sans restrictions à ces contrefaçons inutiles, d'un goût réprouvé par tous les hommes d'art, d'un goût qui, quoi qu'on fasse, est aussi éloigné de nos mœurs que le siècle où il fut en faveur ? On a pu juger, maintes fois déjà, que l'idée de l'utile, de l'utile absolu, ne nous préoccupait pas exclusivement, comme il est arrivé à tant d'autres, qui prétendent séparer l'art de l'industrie, qui ne veulent de soins, de recherches que pour la chose qui sert, que pour la chose nécessaire à tous ; loin de là, nous avons encouragé cette alliance de l'art et de l'industrie, qui seule peut conserver à notre pays la souveraineté industrielle.

Mais ne serions-nous pas coupable en accordant une importance aussi grande à des imitations, même les plus belles, de meubles inutiles et de plus disgracieux ? Soyons d'abord de notre époque. La statue de Louis XIV, de la place des Victoires, à Paris, bien que d'un excellent travail, en tant que sculpture, est un des anachronismes les plus odieux enfantés par la restauration. Il n'est pas un gamin, au début de ses humanités, qui ne rie, en passant, de ce Romain affublé d'une perruque flottante. Est-il rien qui soit plus disparate qu'un particulier en chapeau rond et en habit noir, dans les anciens salons du palais de Versailles ? — Est-ce qu'un trumeau, peint par Boucher ou Beaudouin, est convenablement placé dans un salon à la moderne ? Avant tout, il faut être conséquent. Nos femmes ne portent plus de paniers et de vertugadins, nous ne nous faisons plus coiffer à l'oiseau royal, et nos bottes carrées manœuvrent mal parmi les mille colifichets du rococo. — Ajoutez, puisque le caprice du jour et la mode implacable le veulent, les ornements caractéristiques du genre en vogue aux meubles construits et établis pour nos usages actuels ; mais ne nous offrez pas des répétitions, des pastiches calqués, comme les efforts d'une industrie progressive. Aux Salons du Louvre on repousse les copies, même les plus adroitement faites, des tableaux anciens, et l'on agit judicieusement. Les copies exactes des meubles anciens devraient avoir le même sort ; elles montrent la patience, mais elles ne prouvent aucun progrès. D'ailleurs, quand on veut imiter, car nous sommes loin de repousser l'imitation, faute de mieux, au moins faut-il choisir les types les plus élevés des arts d'autrefois, et nous ne pourrons jamais consentir à classer parmi ceux-là les types enfantés par la longue débauche du dix-huitième siècle.

Narrateur fidèle, nous devons constater les allures de la mode, et les transmettre à nos lecteurs, mais sans les approuver expressément.

Ces réserves faites, parcourons cette série d'imitations plus ou mois complètes.

Voici d'abord, de M. BEFORT, rue des Quatre-Fils, n° 4 (N° **1871**), deux tables, en bois de rose, surmontées de coffres dits *coffres de mariage*, parce qu'ils sont surtout destinés à renfermer les riches cadeaux offerts à propos de cet acte solennel de la vie humaine. Ces meubles de fantaisie, d'un assez joli goût, imitent le genre Louis XV. Les pieds sont soutenus par des croisillons, et de nombreux ornements de cuivre doré sont appliqués de tous côtés ; des peintures pastorales sur porcelaine complètent la décoration. Tout cela est fort riche, fort élégant, et surtout extrêmement soigné. Nous doutons même qu'un pareil meuble, exécuté autrefois, puisse soutenir avantageusement la comparaison, pour la perfection des détails, pour le soin extrême apporté dans les placages et dans les ciselures. Ces deux meubles de fantaisie doivent être fort appréciés par les amateurs, car il est impossible de pousser plus loin la recherche, la délicatesse et la patience.

M. MASSON de Versailles (N° **1056**) a fabriqué plusieurs meubles qu'on appelle *mouvementés*, c'est-à-dire à angles arrondis. Chez ce fabricant, l'imitation positive est flagrante. Ainsi, les *jardinières*, les *tables porte-lumières*, les consoles d'encoignures, les buffet-étagères, la commode, qu'il a exposés, peuvent être pris pour des meubles faits sous le règne de Louis XV, sans que personne puisse contester leur origine.

Ce sont les mêmes bois de rose, les mêmes incrustations, les mêmes marqueteries, les mêmes ornements dorés, les mêmes feuilles, les mêmes fleurs. Tout est imité, copié, calqué ; rien n'est inventé ! M. Masson peut facilement perpétuer à l'infini tous ces meubles dont il doit posséder les types, de telle sorte que dans un demi-siècle il sera possible de croire que la révolution et le temps nous ont légué intacts une prodigieuse quantité de meubles, établis par les ébénistes de mesdames de Pompadour et Dubarry. Mais qu'importe ! les meubles de M. Masson sont bien faits , bien soignés , et s'il les fait et les soigne ainsi , c'est qu'il en trouve le placement. Qu'il en fasse donc le plus qu'il pourra.

Plus loin, M. WASSMUS jeune, rue du Fauconnier, n° 5 (N° 8117), a exposé un grand *meuble d'appui*, que nous persisterons à nommer *buffet-bahut*, dans le goût dominant sous Louis XVI. Ce meuble est admirablement exécuté ; nous ne saurions trop louer le beau travail des marqueteries, la précision des ciselures, la pureté de la dorure, enfin tout ce qui provient de la main-d'œuvre. Certes, il est peu de meubles figurant à l'Exposition de 1844 qui méritent des éloges plus complets. Nous aurions cependant blâmé le choix du modèle, l'imitation du goût le plus mesquin et le plus froid qui ait jamais dominé dans les arts, si certaines indications ne nous eussent fait comprendre que ce meuble était destiné à être placé comme pendant à un meuble ancien. Le monogramme de la reine Marie-Antoinette donne une date précise au buffet-bahut de M. Wassmus, et même, ce chiffre absent , la date n'en serait pas moins écrite par une tête d'Apollon et deux cornes d'abondance enlacées , qu'aucun modeleur contemporain n'oserait avouer, comme goût.

En admettant ce meuble comme une copie franche et minutieuse d'un autre meuble, comme un double demandé, nous féliciterons sincèrement M. Wassmus , mais toutefois nous ne dissimulerons pas que toutes nos sympathies s'adressent à un joli petit secrétaire, et à une petite table de travail de boudoir, dans le genre Louis XV, qui se cachent humblement à l'ombre de son meuble décoré du chiffre royal. Oh ! c'est là que l'imitation du rococo est véritablement louable et opportune ! Voilà le bijou par excellence qui doit trouver place dans tout retrait mystérieux d'une femme élégante et jolie. Certes, sur un meuble pareil qui respire la galanterie de toutes parts, on ne peut écrire que des lettres parfumées de tendresse, de poésie… et d'ambre. C'est sur la tablette d'un pareil secrétaire que Dorat, Grécourt, Bernis et Colardeau durent écrire leurs héroïdes musquées. Parny, Demoustier, durent en posséder de semblables. Mais, hélas! nos Anacréons français ont banni la gaieté et l'amour aimable, et nous craignons fort qu'au milieu du boudoir le plus galant et le plus féminin, le secrétaire de M. Wassmus ne reste inutile, comme un meuble dont on aurait perdu la clef.

Voici encore M. DUTZSCHHOLD , rue Saint-Nicolas, n° 24 , faubourg Saint-

Antoine (N° **3905**), avec une grande variété des meubles dans le goût du dix-huitième siècle, d'un travail très-précieux. Tous ces ouvrages sont ornés de découpures en cuivre, étain, écaille et nacre de perle; ils se recommandent surtout par la gentillesse, la fantaisie et la légèreté de leurs formes. Nous citerons, parmi ces jolis meubles, une bibliothèque à deux corps de petite dimension, en bois d'ébène, décorée de moulures en cuivre doré et d'incrustations d'écaille; l'intérieur est plaqué de bois d'érable, teint en gris, innovation du plus heureux effet; une corbeille de mariage dans le goût de celles de M. Béfort, que nous avons décrite plus haut, puis un bureau de dame, en bois de rose, avec appliques de cuivre doré, moulures et ornements d'une grande richesse; puis encore deux charmantes tables à ouvrage dans le goût de la bibliothèque.

Tous ces objets sont charmants et ingénieux, et rappellent avec bonheur les jolies fantaisies du siècle dernier.

Les meubles exposés par M. BELLANGÉ, rue des Marais Saint-Martin, n° 33 (N° **1972**), sont des imitations complètes de ceux de Boule; deux grands buffets-bahuts en bois d'ébène, incrustés d'étain, d'écaille et de cuivre, reproduisent textuellement certaines productions connues de ce célèbre fabricant: une bibliothèque, une table dans le même goût, sont encore des pastiches de cette même époque.

M. Bellangé a tenté d'assortir des siéges à ces meubles imités; nous ne pensons pas que cette tentative ait des résultats bien heureux; les dossiers sont d'une forme désagréable, et en général ils manquent de grâce et d'élégance; toutefois, bien que cette observation nous soit toute personnelle, nous ne pouvons que le féliciter d'avoir cherché à compléter ce genre d'ameublement, qui jouit encore d'une certaine faveur. Nous ajouterons encore que l'exécution de ces divers meubles est tout à fait supérieure, et que non content d'imiter Boule, M. Bellangé l'égale et le dépasse peut-être dans ses procédés de fabrication.

Disons un mot, en passant, d'un piano exécuté dans le même goût par MM. FAURE et ROGER, rue de l'Université, n° 151 (N° **1992**); ce piano peut être convenablement placé au milieu d'un ameublement dans le genre Louis XV, et bien que nos sympathies soient loin d'être acquises à ce genre adopté, nous devons cependant reconnaître que le piano de MM. Faure et Roger est d'un excellent exemple; il n'est point triste et maussade comme tous ces pianos de palissandre et d'acajou qui pullulent à l'exposition: c'est un mérite qui en vaut bien un autre.

Citons encore les jolis meubles de M. WEDDER, rue du Pas de la Mule, n° 1 bis (N° **3889**) ; le contingent de ce fabricant se compose d'une bibliothèque de galerie en ébène, imitation de Boule, ornée de cariatides aux deux côtés, et richement incrustée de cuivre et d'écaille ; puis une autre bibliothèque plus petite (toujours en ébène et cuivre), avec une porte en glace, puis encore un joli secrétaire de boudoir, en bois de rose, avec appliques de cuivre, et plusieurs coffrets variés de forme et de travail qui sont recommandables par leur bon goût et leur fantaisie.

N'oublions pas non plus M. LÉOPOLD WINTERNITZ, rue Simon-le-Franc, n° 18 (N° **3822**), qui a exposé divers meubles d'art en marqueteries : d'abord une table en bois de rose, avec appliques de cuivre doré, dont le dessus présente une très-belle marqueterie en bois d'un travail prodigieux et d'un soin extrême; puis, outre un coffret en bois de rose orné de cuivre doré et de porcelaine peinte, deux délicieux petits meubles connus sous le nom de *liseuses Pompadour*. Ces charmantes futilités, en bois de rose, sont richement décorées de délicates peintures sur porcelaine tendre, dans le goût frivole des pastorales de Boucher.

M. HARDY, rue Mondétour, n° 35 (N° **2280**), nous offre un modèle de cheminée surmontée d'une glace, avec pendule, vases de fleurs, semainiers, soufflet et autres menus objets à l'usage du coin du feu, exécutés en cartonnage et en velours ; nous ne saurions approuver ce système de décoration, qui d'abord est de mauvais goût et qui n'offre aucune condition de solidité et de durée ; nous verrions avec peine adopter les futiles modèles de M. Hardy, et nous l'engageons sincèrement à ne point persévérer.

Mais nous appellerons l'attention de nos lecteurs sur le nouveau procédé de M. FERRY, rue de Beaune, n° 31 (N° **3612**). Sous le nom de *Luciphanie*, M. Ferry offre à la consommation des tableaux diaphanes en relief servant de garde-vue, d'abat-jour, pour les lampes suspendues, pour les veilleuses, pour les écrans ; cette décoration produit un charmant effet, et laisse bien loin tous les abat-jour en papier coloré, en verre dépoli ou gravé ; elle donne une lumière douce et mystérieuse, et offre dans un relief harmonieux de charmants motifs composés avec art ; cette nouvelle industrie ne peut manquer de se populariser.

Nous avons quelque peu oublié les fabricants d'estampés en poursuivant cette longue nomenclature de meubles, de siéges de luxe et d'utilité ; il nous faut y revenir, et donner l'explication de notre planche X, consacrée aux produits de cette fabrication. Ce dessin représente un salon composé dans le goût moderne et orné de modèles de cuivre estampé, créés par M. HENRY FUGÈRE, rue Amelot, n° 52 (N° **3649**).

L'espace n'a pas permis à M. Fugère d'exposer dans son entier le salon qu'il avait disposé à cet effet; mais, afin de montrer l'ensemble de cette décoration, incomplète à l'Exposition, nous avons rétabli ce salon tel qu'il avait été conçu.

L'application du cuivre estampé aux décorations des appartements, des établissements publics et des salles de spectacle, est due à M. Fugère ; c'est lui qui, le premier, conçut cette heureuse idée dont les résultats seront bientôt appréciés. — Cette innovation ne peut manquer d'être acceptée généralement, nous le pensons, et il est facile de le prévoir. — Qui n'a déploré souvent la physionomie sale et misérable de nos théâtres ? Après quelques mois de décoration, les colonnes, les pilastres, les frises, les corniches, sont devenus rouges et ternes ; à la suite de quelques soirées d'hiver, le gaz a estompé les panneaux, éteint les angles lumineux, l'or s'est transformé en bronze, en quelque chose de malpropre et de puant, qui sent l'oripeau et la guenille.

Le reflet de cette dorure maladive s'étale jusque sur les plus frais visages, attriste les parures des femmes et encadre mal la scène. — Mon Dieu ! que cette salle est laide ! s'écrie-t-on de tous côtés. Et quand les banquettes sont rembourrées avec l'horrible foin que vous savez, en voilà assez pour désenchanter une soirée dont on attendait des merveilles. D'où vient cette maculation rapide des salles de concerts et de spectacles ? de la dorure. Elle est toujours de mauvaise qualité, et il est impossible qu'il en soit autrement. — Dorées soigneusement avec de l'or en feuilles, même inférieur, ces salles absorberaient des sommes énormes. Nous ne vivons point d'ailleurs dans un pays où la simplicité est en honneur, comme en Italie, où les plus belles salles de spectacle, vastes deux fois comme celle de l'Opéra français, ne sont composées que de rangs de loges toutes parallèles, uniformes et ornées d'un cadre uni et sérieusement doré. — Il nous faut du clinquant, des velours, des arabesques, de riches draperies, pour aider au prestige des toilettes. Il nous faut des ornements capricieux, dorés de toutes parts. Mais l'éclat de cet or est bientôt effacé ; voilà pourquoi M. Fugère a entrepris de remédier à cet inconvénient que l'éclairage au gaz a rendu plus sensible encore. Au moyen des ornements en cuivre estampé et verni de manière à imiter la dorure, que M. Fugère propose pour la décoration des établissements publics, le principal inconvénient disparaît entièrement. Ces cuivres estampés peuvent d'abord être placés facilement, en peu d'instants ; leur poids ne surcharge pas les constructions légères des galeries, ils présentent des angles plus saillants, des contours plus purs et, partant, d'un meilleur effet. Un autre avantage — qui n'est pas le moindre assurément — résulte encore de ce nouveau mode de décoration. Chaque année, pendant la vacance théâtrale, les cuivres estampés peuvent être déplacés, vernis et replacés à peu de frais, en peu de jours, et la restauration de la salle peut être exécutée dix fois plus vite que par les moyens en usage. — Déjà le Théâtre-Italien de Paris et plusieurs autres théâtres de la France et de l'étranger ont été décorés avec les ornements estampés de M. Fugère, et l'on a pu se convaincre de tous les avantages qu'ils présentent. Le nouveau théâtre du Havre va en recevoir aussi l'application, et nous ne doutons pas que ce procédé habilement employé par MM. Séchan, Voizel et Fugère, conjointement chargés de la décoration de cette nouvelle salle, ne soit apprécié au Havre comme il l'est à Paris.

Les cafés, les restaurants en activité apprécieront aussi les cuivres estampés de M. Fugère. — Ces établissements, qui ne peuvent chômer que pendant les nuits, pourront être décorés facilement en un ou deux jours, sans que la présence des ouvriers et de leur attirail interrompe la circulation et le séjour de la clientèle. — Ainsi que les théâtres, ils peuvent, au renouvellement de chaque saison, faire remettre à neuf leurs décors, toujours à moins de frais et avec moins d'inconvénients.

L'établissement de M. Fugère est organisé de telle sorte que les architectes, en fournissant les dessins des ornements qu'ils veulent adapter aux décorations qu'ils ont tracées, peuvent les faire reproduire par le cuivre estampé, sans augmentation des prix habituels. — M. Fugère ayant réuni dans ses ateliers le modelage, la ciselure et l'estampage, peut satisfaire à toutes les demandes et exécuter les modèles de tous les genres et de tous les styles.

Les salons particuliers, les boudoirs peuvent être aussi décorés avec des ornements en cuivre estampé, selon le style adopté, et nous ne craignons pas d'avancer que ce mode de décoration offre de notables avantages : — bon marché, solidité, rapidité d'exécution. Quant à l'effet qu'elle peut produire, on en jugera par notre dessin planche X, dans lequel on a rassemblé, dans les conditions possibles d'un ameublement moderne, quelques motifs en cuivre estampé et verni propres à ce genre d'ornementation.

Ajoutons encore que les modèles exposés par M. Fugère sont composés avec goût, d'après d'excellents dessins, qu'ils sont amples, riches, bien travaillés et qu'ils ont reçu l'approbation des principaux artistes spéciaux.

C'est encore là une nouvelle industrie, à peine créée ; elle marche à pas de géant. — Où s'arrêtera-t-elle ?

Hélas ! l'industrie ne s'arrête jamais. — C'est la sœur cadette du juif de la légende populaire. Elle va, va, sans s'arrêter, sans reprendre haleine, sans but assigné, mais non point sans but utile, comme le pauvre Ahasvérus. — Elle ne se repose jamais, elle n'est jamais satisfaite. — Nous croyions avoir épuisé le chapitre des améliorations en constatant le succès obtenu par les cuivres estampés de M. Fugère, et voilà qu'un industriel non moins ingénieux nous force encore à y revenir.

Si M. Fugère s'est préoccupé de la durée et de la solidité des dorures, M. GILLE, fabricant de porcelaines, rue de Paradis-Poissonnière, 28 (N° 1 ■■■■), s'est non moins intéressé à l'avenir des peintures de décor. — Après de nombreuses recherches, après des sacrifices énormes, M. Gille, à qui l'industrie est redevable de beaucoup d'essais, de curieuses tentatives, toujours à l'affût de nouvelles idées, a songé à donner un rôle à la porcelaine dans les grandes décorations d'appartements et d'établissements publics. Animé par un zèle généreux, M. Gille a voulu, tout à la fois, offrir au commerce de la porcelaine un nouveau débouché, aux architectes décorateurs de nouveaux aliments. Il substitue aux peintures sur mur ou sur panneaux de bois des peintures sur plaques de porcelaine de toutes dimensions, et applicables dans les appartements, dans les cafés, au moyen de vis et d'écrous. On comprend facilement que cette combinaison présente des résultats semblables à ceux que nous reconnaissons aux cuivres estampés de M. Fugère. Dans les appartements, dans les cafés, de jolies peintures, des scènes de genres, paysages, marines, fleurs, fruits, peuvent figurer sur les panneaux unis sans y adhérer. On peut au besoin les changer, les déplacer, sans leur causer aucun préjudice. Les peintures étant inaltérables, pouvant durer éternellement, on peut en confier l'exécution à des artistes habiles, reproduire les chefs-d'œuvre des grands maîtres, et modifier dix fois, vingt fois, les panneaux qui les reçoivent. Par ce moyen on peut repeindre, restaurer les boiseries d'un salon, sans être obligé de faire recommencer des peintures qu'on est obligé d'effacer.

Dans l'emplacement accordé à M. Gille au palais des Champs-Élysées, on peut remarquer un modèle de panneau ainsi disposé. Rien n'est plus élégant, rien n'est plus gracieux. Cette décoration est fraîche et suave; le couleurs tendres et argentines de la peinture sur porcelaine s'harmonient d'une façon toute charmante avec les filets d'or et les tons gris des panneaux.

Nous ne dissimulerons pas toute notre sympathie pour cette heureuse innovation; les papiers peints, tels beaux qu'on les puisse imaginer, ne peuvent lutter avec la richesse de ces médaillons peints. Un boudoir ainsi décoré doit être ravissant. Un café qui contiendrait avec sobriété une certaine quantité de ces tableaux, acquerrait un caractère splendide et, certes, de bon goût. Les tableaux sur porcelaine de M. Gille peuvent convenir à toutes les bourses. Il peut en livrer depuis dix francs jusqu'à trois cents francs; le prix varie selon la grandeur et aussi selon l'habileté du peintre. Il ne manque que la publicité aux tableaux de M. Gille; cette publicité nécessaire leur donnera la popularité, et nous ne serons point étonnés de voir, dans quelques années, la plupart des cafés, décorés de peintures sur porcelaine. Ajoutons encore, bien que ceci touche aux beaux-arts plus qu'à l'industrie, que le développement de cette fabrication peut avoir une grande influence sur le goût public : en voyant dans les endroits où l'on entre à chaque heure, sans préparation, les répétitions des œuvres d'art les plus sérieuses, on se familiarisera avec le beau, avec le vrai, et l'on verra disparaître, de certains endroits publics, ces ignobles gravures militaires ou sentimentales qui sont perpétuées on ne sait comment ni par qui.

Outre ses tableaux, M. Gille a encore fait fabriquer des cheminées en porcelaine peinte et dorée. On peut juger combien ces chambranles sont délicats et gracieux. Il y avait de grandes difficultés à vaincre pour la fabrication de ces cheminées : la grande dimension des pièces, les jointures qu'il fallait rendre imperceptibles : M. Gille a triomphé de tous ces obstacles, et après de longs essais, il est parvenu à livrer ces jolies cheminées, qui peuvent trouver place dans les appartements les plus somptueux, depuis deux jusqu'à huit cents francs. Nul doute que ces cheminées ne soient fréquemment adoptées dans les boudoirs qu'on désire clairs et riants, car c'est là le privilége agréable de ce genre de décoration, d'égayer tout ce qui l'entoure, et d'entraîner, vers les idées riantes, les hôtes possesseurs de ces charmants objets.

Nous signalerons encore d'autres améliorations apportées par M. Gille, dont l'activité est des plus louables, dans la fabrication de certaines parties de la porcelaine. Ainsi, par de nouvelles combinaisons, il est arrivé à produire des statuettes de grandes dimensions, en biscuit qui conserve la pureté des formes et la précision des contours. Il a rendu la porcelaine biscuit souple et ductile comme le plâtre. Il peut facilement donner des épreuves de médaillons sculptés, de grandeur naturelle, pour la faible somme de cent dix francs, y compris le moule, avec lequel on peut, moyennant vingt francs, faire tirer autant d'épreuves que l'on voudra du portrait sculpté. Mais ce nouveau procédé est plutôt un art qu'une industrie, et nous n'avons pas à nous en occuper plus longuement ici.

M. Gille mérite de grands encouragements; il n'a reculé devant aucun sacrifice, et grâce à sa persévérance et à sa grande connaissance des besoins et des ressources de l'industrie à laquelle il se livre depuis vingt ans, il est arrivé à lui donner une importance qu'elle n'avait pas.

Nous compléterons la description des ornementations d'appartement en signalant quelques-uns des stores les plus remarquables admis à l'Exposition de 1844.

M. Gozola, rue de la Bucherie, n° 14 (N° **2024**), a reproduit un tableau déjà popularisé par la lithographie commerciale, *le Retour de l'église*, par M. Schlesinger : cette copie est d'abord fort exacte et les tons locaux sont patiemment conservés. — Le charmant tableau de Camille Roqueplan, *Jean-Jacques Rousseau cueillant des cerises pour mesdemoiselles Gallait et Graffenried*, a été copié avec un rare bonheur par M. Hankin, rue Notre-Dame-des-Victoires, n° 46 (N° **2217**). Il est impossible de rien voir de plus frais et de plus gracieux. — On doit aussi au même fabricant une excellente reproduction du *Mariage de la Vierge*, un des plus beaux tableaux de la première manière de Raphaël.

M. BACH-PERÈS, rue du Faubourg-Saint-Denis, n° 105 (N° **2980**), a peint des stores qui peuvent fort bien être placés dans des appartements dans le goût du XVIII° siècle. Ils semblent inspirés par les plus jolis trumeaux de Boucher ou de Vanloo.

M. AUDRY, peintre, rue Rochechouart, n° 44 (N° **3737**), a aussi exposé un grand store représentant *la Chasse de Don Ursino de Navarin :* mêlée toute sanglante et d'un effet sombre et terrible. M. Audry peint les figures et le paysage avec un égal talent.

Si l'exposition de 1844 permet de proclamer hautement les progrès de presque toutes les branches sérieuses de l'industrie, si elle devient tout à la fois une récompense publique pour le présent, et un puissant véhicule pour l'avenir, elle détermine aussi des mouvements commerciaux que nous n'avons pas mission d'apprécier, mais qu'il est juste de constater.

Sans doute, en nous plaçant au point de vue le plus élevé, nous devons reconnaître, avec tous les hommes graves de ce temps-ci, que l'exposition de notre industrie nationale est devenue, grâce à la réclame, aux petits boudoirs et aux étalages prétentieux, une espèce de bazar livré aux charlatanisme, où chacun fait valoir sa marchandise, provoque les badauds et abuse des *puffs* de toutes couleurs. Sans doute on peut, sans passer pour un esprit chagrin, réclamer plus de dignité et de gravité dans la mise en œuvre de cette exposition qui, avant tout, doit être un concours solennel, national, et pas le moins du monde une exhibition commerciale ou une foire temporaire. Mais puisque, pour la plus grande partie des exposants et des visiteurs, cette solennité est envisagée tout autrement, reconnaissons qu'elle est fort utile au commerce. — Ce n'est pas là le but véritable, assurément; mais qu'importe! les résultats n'ont rien de fâcheux. — Si l'exposition de l'industrie devenait annuelle ou permanente, elle perdrait évidemment son caractère politique et son intérêt national, mais, sans contredit, elle développerait considérablement la consommation, tout en détruisant proportionnellement les bénéfices possibles du débitant, intermédiaire onéreux pour le fabricant comme pour le consommateur. Dans l'intérêt bien entendu de l'industrie et du public, une exposition permanente est nécessaire; elle ne peut détruire l'exposition quinquennale ou même décennale, qui deviendrait naturellement plus grave et plus digne; le goût public, sans cesse ravivé par la comparaison intelligente des progrès de tous les jours, s'épurerait et s'étendrait; l'acheteur, en face de modèles différents, comparerait à l'aise et choisirait avec connaissance de cause les objets selon ses goûts.

De vastes salons, décorés avec richesse et somptuosité, avaient remplacé jusqu'ici l'exposition permanente ; les objets d'ameublement les plus variés, depuis les plus simples jusqu'aux plus recherchés, étaient rassemblés avec intelligence dans ces établissements. Les fabricants y déposaient leurs produits, et pour eux la vente était plus facile, comme l'achat était plus agréable pour les consommateurs. Le bazar est une invention orientale qui évite bien des désagréments. Ce mode de commerce est si bien implanté chez nous, qu'il est appliqué de tous côtés. Nos élégantes ont compris l'avantage qu'il y avait pour elles à trouver dans un même endroit tous les objets de toilette à leur usage, et elles ont encouragé le développement de ces magasins gigantesques, dont les étalages splendides provoquent leurs désirs, et leur permettent une agréable comparaison.

C'est ce qu'a bien senti M. RINGUET LEPRINCE, rue Caumartin, n° 7 (N° **1298**). Possesseur de vastes magasins, dans un des quartiers les plus élégants de la capitale, dans le quartier central affectionné par les étrangers, il a rassemblé les plus beaux meubles, les bronzes les plus précieux, enfin tous les objets d'ameublement, comfortables et somptueux, qui font la gloire de l'industrie moderne. Il réalise, autant qu'il est possible, la permanence de l'exposition industrielle. Les étrangers, ballottés en tous sens au milieu de Paris, comme les indigènes, peuvent visiter ce magnifique établissement et y trouver tous les éléments d'un ameublement selon leur caprice ou leur goût. — Les meubles exposés par M. Ringuet Leprince justifient la réputation de cet intelligent fabricant et les éloges que nous allons leur accorder.

Voici d'abord un buffet de salle à manger, en chêne neuf, composé d'après le style de la renaissance (Pl. XI). Ce meuble, d'un aspect simple, est d'un excellent goût et d'une exécution très-soignée. Le bas du buffet est formé de trois parties divisées entre elles par des pilastres ; à droite et à gauche sont les portes, ornées de riches moulures ; chacun des panneaux est décoré d'un groupe de gibier sculpté avec une grande délicatesse ; la partie du milieu est divisée en hauteur par deux tablettes et par trois tiroirs supérieurs, sur le devant desquels courent des rinceaux mêlés de chiens et de perdrix. — L'étagère n'a qu'une seule tablette supportée par quatre consoles ornées de têtes de chiens, de renards et de loups ; un riche fronton couronne le tout ; au milieu, une tête de cerf, en relief, saillit sur un cartouche accessoire ; deux chiens enchevêtrés dans des rinceaux, aboient en face du noble animal, et cette ornementation se termine par des feuilles d'un beau travail.

Ce meuble est d'une élégante simplicité ; il est fort remarqué et dignement apprécié ; il suffira, pour se convaince de la justesse des éloges qui lui ont été accordés de toutes parts, d'étudier le dessin que nous offrons à nos lecteurs ;

on y reconnaîtra un goût excellent, une exécution parfaite et une composition parfaitement appropriée à la destination spéciale de ce beau meuble.

La table-bureau de M. Ringuet Leprince est une imitation du genre Boule, en ébène, écaille des Indes, étain, ivoire, etc., avec appliques de cuivre doré. Cette table nous semble préférable à la plupart de celles que nous avons décrites jusqu'ici, à cause de ses formes amples et larges, de son goût irréprochable et de son imitation intelligente.

Nous aimons fort une bibliothèque, en bois d'ébène, avec appliques de cuivre doré, dans le goût de la renaissance. M. Ringuet a fait à ce meuble une addition heureuse en plaçant aux côtés de la partie supérieure deux étagères garnies de miroirs; cet espace, habituellement perdu, est là utilement employé; les menus objets d'art peuvent très-bien accompagner les livres précieux, et cette innovation sera appréciée par beaucoup de personnes. Une jolie figure repose sur le fronton, terminé par la poivrière caractéristique du style de la renaissance.

Nous estimons moins, sans que cela tire à conséquence, le fauteuil et le prie-Dieu rappelant le goût dominant sous Louis XVI. — Nous avons suffisamment déduit nos motifs à l'endroit de ce genre bâtard ; toutefois, reconnaissons que le fauteuil est d'une grande richesse, et que le prie-Dieu, exécuté avec un grand soin, serait du meilleur effet au milieu d'un oratoire ajusté selon le goût de l'époque de Louis XVI. Le palissandre s'y marie assez heureusement au bois de rose; la porcelaine, tendre et veloutée, atténue l'éclat des ornements en or mat. Cependant si nous louons la bonne exécution du meuble et le mérite des peintures, copiées d'après des tableaux recommandables, nous serons plus circonspect à l'égard des guirlandes de fleurs qui se balancent à la face du prie-Dieu. — On eût pu mieux choisir.

Le contingent exposé par M. Ringuet Leprince est restreint, il est vrai ; mais n'aurait-il exposé que le buffet dont nous parlions tout à l'heure, ce seul meuble aurait conquis une des plus belles places au concours de l'exposition de 1844. — Au total, tous ces meubles sont exécutés avec une rare conscience, avec un soin persévérant, et nous ne doutons pas qu'ils ne servent considérablement à continuer et à augmenter la réputation dont jouissent depuis longtemps les ateliers et les magasins que M. Ringuet Leprince dirige avec autant de goût que d'intelligence et de savoir-faire.

M. MERCIER, rue du Faubourg-Saint-Antoine, n° 110 (N° 1286), a exposé un ameublement de chambre à coucher : lit, commode et armoire à glace, dont nous donnons les dessins dans nos planches XII et XIII. — Ces trois meubles en bois de palissandre rappellent le genre Louis XV. Les contours sont mouvementés, amples et largement tracés ; les sculptures, les ornements foisonnent de toutes parts; l'aspect est même d'une richesse surabondante. Nous avons assez de fois montré que le goût en vogue pendant la longue débauche du XVIIIe siècle nous était peu sympathique ; il nous faut répéter encore, à propos de cet ameublement de M. Mercier, que ce goût, qui n'est basé sur aucun principe, qui n'existe que par le caprice, qui ne jouit que d'une vogue éphémère et déjà sur son déclin, ne saurait convenir pour les meubles de grandes proportions et d'un usage journalier. Outre les difficultés qui résultent, pour la fabrication, de ces formes concaves, convexes, onduleuses, il est encore évident que le bois de palissandre seul, sans le secours des ornements de cuivre, des médaillons de porcelaine, devient lourd, monotone et même triste. Les grands enroulements, les consoles et volutes qui dominent toujours dans les parties supérieures des meubles composés dans le genre Louis XV, manquent de légèreté, deviennent même compassés, quand ils sont exécutés avec le palissandre seulement ; la multiplicité des ornements sculptés, loin d'égayer le meuble, ajoute au contraire à la tristesse naturelle au bois employé. — Nous ne saurions trop le répéter, le genre *rocaille* ne doit être propagé qu'avec une grande sobriété, surtout dans les meubles de grandes proportions, et exécutés avec des bois de couleurs sombres ; il n'est tolérable ou acceptable que dans ces jolis meubles, légers, frivoles, en bois de rose, en marqueteries, que nous avons décrits dans les pages précédentes ; et véritablement, ce n'est point une haine aveugle qui nous entraîne à blâmer aussi souvent ces tentatives de résurrection d'un genre auquel aucun écrivain sérieux n'a osé ni voulu donner la qualification de *style :* nous repoussons ce goût parce qu'il est tout à fait opposé à nos habitudes et à nos usages.

Encore une fois, soyons conséquents : on a beau coller aux plafonds des arabesques de pâte ou de carton, ils n'en restent pas moins carrés, à angles égaux. — Les lambrequins ajoutés aux cheminées, aux fenêtres, les tapisseries pendues aux portes, dissimulent à peine les lignes droites, les profils plats des croisées et des chambranles ; la ligne droite, l'angle droit nous poursuivent de tous côtés, et c'est dans de pareils appartements que vous voulez placer des meubles contournés, roulés, aux saillies exubérantes ? Erreur profonde ! erreur qu'il ne nous est pas possible de partager.

Nous admettons l'imitation raisonnée, complète, mais dans les conditions vitales des originaux. Or, sous le règne de Louis XIV, le bois de palissandre, comme mille autres produits d'application moderne, étaient totalement inconnus, et s'ils avaient été connus, assurément on ne les eût pas employés. Le siècle qu'on a nommé avec raison « une longue orgie » n'eût pas consenti à s'entourer de meubles et de couleurs sombres. Les marquises et les duchesses, les seigneurs pailletés, les financiers, les petits abbés, les brillants mousquetaires du bon vieux temps, avaient trop d'esprit et de véritable gaieté pour admettre dans leurs boudoirs, où tout respirait la volupté et le plaisir, aucun objet qui pût rappeler, même de bien loin, l'austérité et le silence. Il leur fallait de l'or et des fleurs, des parfums légers et enivrants comme leurs paroles ; il fallait des cadres étincelants de lumière et de pierreries, seuls repoussoirs convenables pour ces têtes souriantes, poudrées et badigeonnées « de blanc et de carmin, » selon l'énergique expression du poëte. Combien nous sommes loin de ce bon vieux temps ! Hélas ! disent les uns ; Dieu merci ! disent les autres. *Que sais-je?* dit le philosophe. — Holà ! disons-nous ; et revenons aux meubles de M. Mercier, qui ont provoqué cette chevauchée dans l'histoire de nos grands-pères.

En dépit du style, car nous n'avons pas d'autre reproche à lui adresser, cet ameublement est dessiné avec ampleur ; les masses, riches et somptueuses, ne sont pas dépourvues d'une certaine majesté, et peut-être si M. Mercier eût osé reproduire franchement les formes à flasques en voque au XVIII° siècle, nos observations critiques seraient-elles sans valeur. — Certes, ce consciencieux fabricant a cherché à concilier la forme de son lit avec les exigences modernes, et il est bien évident qu'il n'a fait les dossiers droits qu'afin d'éviter la rencontre d'une ligne droite et d'une ligne courbe ; mais, en définitive, l'imitation franche et absolue n'eût-elle pas été préférable ? et puisqu'on avait voulu copier les meubles de l'époque de Louis XV, que ne les copiait-on mot à mot ? L'ameublement y eût gagné considérablement ; il y a mieux, il eût présenté un véritable tour de force d'exécution. — Le bois de palissandre semble offrir une résistance plus grande que les autres essences de bois, et déjà, dans les contours mouvementés du devant du lit, on admire la coupe hardie du sculpteur, on aime la plénitude de force de ces ornements dont certaines parties mates font ressortir avec plus d'éclat les saillies vernies. — En nous résumant, nous n'avons que des éloges à donner à M. Mercier, pour les soins apportés à la confection de ses meubles ; l'ébénisterie comme la sculpture en sont les plus recommandables ; nous ne faisons de réserves que pour la conception, et en cela M. Mercier n'est pas le véritable coupable. — Ce coupable, c'est la Mode, la reine despotique que vous savez.

Si nous sommes sévère pour M. Mercier, quelle sera donc notre contenance vis-à-vis de M. NOEL PICOT, rue Saint-Honoré, n° 287 (N° **3315**) ? Certes, si nous approuvons l'imitation heureuse d'une bibliothèque en marqueterie, — copie littérale d'un meuble semblable, exécuté au XVIII° siècle, — aucune puissance ne nous contraindra à reconnaître le bon goût de l'ameublement de chambre à coucher qu'il a exposé. — M. Picot, dans un *catalogue* dont nous nous occuperons plus tard et à bon droit, s'intitule « *inventeur de*

tous les meubles à formes contournées admis à l'exposition de cette année. »
Inventeur !.... où donc est l'invention, je vous prie ?.... Il n'y a point là
d'invention en aucune façon ; il y a tout simplement exagération d'un goût
détestable. — L'ébéniste le plus audacieusement contempteur de toutes règles,
sous le règne de la Dubarry, au temps où les rapins de l'atelier de Boucher
encombraient le Pont-Neuf de leurs trumeaux peints à l'eau de savon, n'eût
pas osé perpétrer de tels crimes contre l'art. — La débauche de ce temps-là
était élégante et presque toujours spirituelle ; mais la débauche que vous nous
offrez est lourde et prétentieuse, elle grimace, elle est affligeante à voir.
— Cette armoire à glace affecte l'allure de certaines figures chinoises, aux
joues et aux ventres gonflés, assises disgracieusement. — Et les dossiers de ce
lit arrondis, bossus de tous côtés, quelle peut être leur grâce ? Nous ne qua-
lifierons pas ce prie-Dieu, dignement assorti à ce maladroit mobilier. En
vérité, rien de semblable n'a été laissé, même en germe, par ce XVIIIe siècle
dont M. Picot paraît avoir fait une étude toute particulière ; et si vraiment la
qualification d'inventeur était possible à propos de matières semblables, nous
n'hésiterions pas à l'accorder à M. Picot, pour les meubles à formes contournées. Le seul éloge que nous puissions leur donner sans transiger avec notre
conscience, c'est qu'ils sont exécutés avec le bois de rose, ornés d'appliques
de cuivre doré et garnis d'un velours bleu dont la nuance n'est peut-être pas
assez en harmonie avec les tons transparents du bois. Nous ne sommes pas
capable de plus d'éloges. M. Picot habitait précédemment Versailles ; il a pu
puiser dans les débris fastueux de trois règnes des modèles de toutes sortes.
Nous ne le blâmerions pas de fabriquer des *fac-simile* de ces restes de la splendeur de la vieille monarchie ; mais encore ne faudrait-il pas exagérer leurs allures
parfois grotesques et ridicules.

On peut accepter le château de Versailles et les deux Trianons comme des
monuments historiques, dignes d'étude ; on doit les entretenir pour les conserver ; ils peuvent rester comme preuves d'une grande magnificence ; mais ils
ne seront jamais admis, comme types de l'élégance et de la beauté, dans l'art
souverain de l'architecture.

Le meuble le plus intéressant exposé par M. Noël Picot, et que nous préférons de beaucoup à son ameublement beaucoup trop Pompadour, c'est une
table de nuit d'un aspect très-vulgaire et cependant digne du titre d'Universelle dont la décore son inventeur. Nous demandons pardon à nos lecteurs
d'entrer dans des détails anti-poétiques, mais l'utilité incontestable nous fait
passer sur tous les scrupules. Ce meuble, dont les proportions sont celles
d'une table de nuit ordinaire, remplace à la fois une toilette, un bidet et une
garde-robe ; les combinaisons intérieures sont si ingénieuses, qu'il a été possible

de trouver place, dans l'espace restreint que tout le monde connaît, pour un miroir, une fontaine chauffée par une veilleuse, un porte-montre qui, éclairé par la veilleuse, montre l'heure pendant la nuit, un lavabo avec une multitude de cases pour tous les accessoires de la toilette, des tiroirs propres à renfermer les menus objets, un bidet mobile, et enfin un vase nocturne et inodore, fermé hermétiquement; tout cela est fort simple, tellement simple qu'on ne s'explique pas comment personne n'a encore songé à ce mécanisme utile et satisfaisant à la fois pour la toilette, la propreté et même la salubrité. Certes, plus d'un célibataire, plus d'un employé, logé à l'étroit dans les régions supérieures des maisons modernes, remerciera M. Noël Picot de son estimable invention; en effet, c'est à ceux-là que ce fabricant a dû penser en créant et en perfectionnant ce meuble nécessaire, et il n'est point hors de propos de faire remarquer que, malgré cette complication, qui dès l'abord paraît extraordinaire, le prix du meuble ainsi combiné est à peine le double de celui d'une table de nuit ordinaire. Certes, en présence d'un pareil bienfait rendu à la classe nombreuse des célibataires, on peut pardonner à M. Noël Picot l'erreur profonde dans laquelle il est tombé en *inventant* les malencontreux meubles dont nous parlions tout à l'heure.

La partie droite de notre planche XIII reproduit un bureau dit, en terme du métier, *bureau-ministre*, et exécuté par M. KLEIN, rue du Faubourg-Saint-Antoine, n° 110 (N° **2405**). Ce bureau, d'un aspect fort simple, est en bois de palissandre et affecte quelque peu les allures du style de la renaissance. Il est rectiligne et sobrement décoré de sculptures; la partie destinée à recouvrir la tablette pour écrire, ainsi que la partie du milieu, où existent des portes vitrées, peuvent s'avancer sur le plan des tiroirs de la façade et former une décoration uniforme et sans cavités. Une étagère sculptée la surmonte et donne de la légèreté à ce vaste meuble. Un lit et une armoire à glace, dans le même goût, prouvent que M. Klein se livre à la spécialié des meubles simples et d'un usage journalier. M. Klein a exposé en outre une *bibliothèque-bahut* d'un goût de fantaisie que nous appellerons volontiers le goût moderne, en bois de palissandre guilloché, à perles, et fort remarquable par sa belle exécution. Ces meubles sont véritablement élégants et d'une heureuse simplicité; et ils sont pour nous les types du genre que l'on devrait propager, plutôt que toutes ces fantaisies et ces prétendues imitations du XVIIIᵉ siècle; ils s'approprient convenablement aux dispositions des appartements modernes, et, sous ce rapport, nous devons les signaler à l'attention de la classe la plus nombreuse des consommateurs. Nous ne doutons pas que le jury ne mentionne honorablement ces travaux solides, consciencieux et, partant, dignes d'un grand intérêt. Nous ne citerons que pour mémoire une gigantesque table en bois d'acajou d'un seul morceau que M. Klein a jointe à son exposition. Cette table n'a pas moins de quatre mètres de longueur sur deux mètres dix centimètres de largeur ; c'est un morceau rare, précieux sans doute, mais auquel on ne peut accorder qu'un intérêt de curiosité.

Nous accorderons les mêmes éloges aux meubles exposés par MM. FISCHER père et fils, impasse Guéménée, n° 3 (N° **1278**). Le lit, l'armoire à glace et la commode sont aussi exécutés dans le goût moderne, avec quelques réminiscences du style de la renaissance. De légères appliques de cuivre doré se marient fort heureusement aux lignes simples et sévères du bois de palissandre ; les ornements et les sculptures y sont placés en quantité suffisante pour donner à l'ensemble une physionomie élégante, et nous ne saurions trop louer cette remarquable sobriété.

En présence de cet ameublement d'une simplicité si exquise, nous avons moins de sympathies pour la magnifique *table-bureau* dans le style de Louis XIV que MM. Fischer père et fils ont encore exposée ; cette table est en bois d'ébène incrusté d'écaille et de cuivre. Des figures de faunes et des ornements d'un excellent goût, en cuivre plein, servent de pieds à ce meuble ajusté avec un grand soin, composé avec intelligence, et auquel nous ne pouvons reprocher qu'une trop grande richesse.

Donnons encore des éloges à la jolie commode et au lit en bois de palissandre dans ce même goût moderne, ayant toujours pour principe le style de la renaissance, exposés par M. GOCHT, rue des Marais, n° 12 (N° **3808**) ; le lit est moins heureux que la commode, dont le dessus est en marbre vert, choix qui fait honneur au goût du fabricant : ce sont là de belles et bonnes choses, n'en déplaise à cette capricieuse déesse qu'on appelle la'mode. M. Gocht a adapté à une table des combinaisons qui permettent de la consacrer à trois usages différents. En retournant la table proprement dite, on trouve un tapis de jeu ; en l'enlevant complétement, on possède un trictrac ; ce meuble est d'ailleurs très-convenable d'exécution ; il est en bois de palissandre incrusté de cuivre avec des pieds sculptés et à perles.

M. CHABERT, rue de Charenton, n° 44 (N° **3883**), a inventé un meuble que nous appellerons volontiers un meuble *omnibus ;* il remplit l'office de toilette dans la partie supérieure, de table, de secrétaire, de table de jeu, de bidet et de commode ; sans contredit, il a fallu une certaine adresse pour arriver à ce résultat ; mais en bonne conscience, nous nous demandons si cette adresse n'a pas été dépensée puérilement : c'est un meuble plus fantastique que sérieux ; et sans prétendre décourager M. Chabert, nous lui dirons sincèrement ce que beaucoup de gens ont pu lui dire avant nous, qu'il eût pu mieux employer son temps.

Un habile fabricant d'ébénisteries, M. LUET, rue du Faubourg-Saint-Denis,
n° 71 (N° **3961**), a exposé plusieurs fauteuils d'un goût et d'une exécution
extrêmement remarquables. Deux de ces fauteuils, que nous reproduisons
dans notre planche XIV, nous paraissent les morceaux les plus importants et
les plus précieux parmi ceux de ce genre admis à l'exposition. La composition
de ces beaux siéges rappelle franchement les charmants dessins de Meissonnier,
aux meilleurs temps du règne de Louis XV. Celui qui figure sur la partie
gauche de notre lithographie est d'un luxe vraiment royal. Entièrement en bois
d'ébène, et revêtu d'une magnifique étoffe de brocart d'or, il est d'une forme
gracieuse et d'une élégance assez peu commune. Les contours sont larges et
se développent avec aisance, les consoles sont ingénieuses, les accottoirs sont
ravissants de finesse. Le fronton est richement décoré d'ornements, de coquilles, de rinceaux d'où s'échappent des oiseaux si délicats et si frêles qu'on
a peur de les toucher ; les pieds, d'une extrême légèreté, s'appuient sur des
carapaces de tortues d'un fort bon goût ; en un mot, vu de face, de côté,
analysé du haut en bas et du bas en haut, ce fauteuil est complet et mérite
sans conteste d'être appelé admirable. Il est impossible d'imaginer une sculpture plus fine, plus délicate, plus soignée, plus parfaite. C'est vraiment une
belle chose, et l'admiration générale a dû prouver à M. Luet qu'il avait entièrement réussi. On comprendra mieux nos éloges en étudiant attentivement
le dessin que nous sommes heureux de pouvoir donner de ce siége précieux.
L'autre fauteuil (celui de droite), aussi en bois d'ébène, ne le cède en rien
au précédent sous le rapport de l'élégance et de la finesse. La forme du dossier
est *à médaillon*, dont le couronnement est composé de jolis amours, enlacés
par des fleurs et en contemplation devant un groupe d'oiseaux qui se disputent
une branche de feuillage ; les bras de ce fauteuil sont décorés de têtes de
faunes cornus, sculptées avec un grand art. Tout dans ce dernier meuble est
d'un excellent goût, et bien qu'il soit moins somptueux que le premier, nous
n'hésitons pas à lui accorder d'aussi vives sympathies. M. Luet a encore
exposé deux fauteuils genre Louis XV, en bois doré, d'un dessin assez simple
et très-convenable.

L'exposition de 1844 assigne à M. Luet une des premières places parmi les
fabricants spéciaux de siéges, la première sans doute ; c'est à lui maintenant
de persévérer et de se maintenir à la hauteur des beaux travaux que nous venons de signaler. Il y a plus, pour lui, qu'un intérêt commercial à soutenir :
il y a encore l'honneur à conserver.

L'imitation semble la seule puissance de notre époque : ne pourrons-nous
donc rien créer ? Nous avons parlé d'imitations plus ou moins raisonnables
des XVIe, XVIIe et XVIIIe siècles, et il nous faut encore passer les Alpes et les

Apennins pour aller jusque dans Rome et dans Florence trouver des modèles
à reproduire. Ah! que nous aimerions bien mieux raconter les essais, même
infructueux, de quelque audacieux chercheur d'idées, dire les tentatives
avortées, ou prêtes à éclore, d'un de ces hommes de génie que le vulgaire
range parmi les fous et dont la volonté s'élève et grandit sur les flots pressés
des pâles copistes de monuments traditionnels! Mais, hélas! rêve impuissant!
il faut nous débattre sans cesse avec de tristes fantômes.

Rome! Florence! voilà de grands noms. Et quand on les a évoqués, on
croit avoir tout fait. Malheureuse et ingrate science celle-là qui ne s'appuie que
sur des simulacres de gloire!

La mosaïque remonte à la plus haute antiquité; elle fut peut-être le premier
essai tenté par les hommes dans les arts plastiques. Les Grecs en puisèrent
les éléments chez les peuples de l'Asie; l'Italie les emprunta à son tour à la
Grèce; elle les oublia pendant de longs siècles de barbarie, puis, plus tard,
quand l'art se réveilla dans la vieille Étrurie, elle appela encore la Grèce à son
secours. La basilique de Saint-Marc, à Venise, reçoit les prémices de cet art
renaissant vers la fin du XIe siècle, et depuis ce moment se déroule une longue
suite de travaux. Rien n'est plus féerique que les Dômes de l'Italie, revêtus
de ces tableaux inaltérables où l'or joue au milieu de pierres étincelantes! On
ne comprendrait pas que Saint-Marc de Venise, surtout, que Saint-Paul de
Rome, que Sainte-Marie des Fleurs de Florence, fussent décorés autrement
qu'avec ces mosaïques. Puisque, à tout prix, on voulait planter, sur les rives
brumeuses de la Seine, un Parthénon bâtard, c'était avec la mosaïque qu'il
fallait remplir les coupoles et les voussures du temple païen placé sous l'invo-
cation de la Madeleine; il fallait relever cet art précieux que Napoléon avait
tenté vainement d'encourager, et qui est tellement oublié de nos jours que
beaucoup de gens connaissent le mot, mais n'ont jamais vu la chose. Si c'eût
été cet art de la vieille mosaïque que MM. Théret et Houssaye, chacun de leur
côté, avaient prétendu relever et populariser, nous nous serions associé de
grand cœur à leurs efforts, nous leur prodiguerions l'éloge; car cette tentative serait des plus généreuses, des plus difficiles, et il y aurait bien du mérite à la poursuivre; mais point; il s'agit ici de toute autre chose.

M. Théret, rue des Saints-Pères, n° 38 (N° 2176), nous présente des
copies de meubles en vogue à Florence vers la fin du XVIe siècle, c'est-à-
dire à l'heure où l'art renaissait en France et tombait en décadence en Italie.
Ce qui prouve cette décadence de l'art, c'est l'addition à l'œuvre de l'artiste
d'un métal précieux : c'est le diamant ajouté au pommeau ciselé de l'épée;
c'est, dans un meuble, la corniche ou la volute de cuivre doré ajoutée au bois
sculpté; c'est le temple qui n'est plus beau de la seule beauté de ses lignes

architectoniques, de ses grandes sculptures, mais qu'on décore de marbres de couleur, de bronze, d'or, de draperies, de clinquant. Quand Florence s'enamoura des meubles dont M. Théret nous donne les *fac-simile*, elle n'était déjà plus la Florence de Dante et de Michel-Ange, ces deux géants de l'art humain ; elle devenait la proie des *maniéristes* ; elle s'éteignait sans efforts en commençant cette longue agonie qui dure encore. Imiter cette époque, ce n'est donc point un progrès. Et d'ailleurs, nous ne prétendons point le cacher, les mosaïques en relief, à plat, qu'elles datent des xvie et xviie siècles ou d'hier, ne nous semblent pas d'un goût heureux. Comme nous l'avons dit déjà, dans ces meubles, dits de Florence, c'est là valeur intrinsèque de la pierre fine qui domine tout le travail ; le talent de l'ébéniste, l'art du sculpteur, ne sont là qu'accessoires ; l'aspect du meuble importe peu, la pierre seule est tout. Plus elle est prodiguée, plus le meuble coûte cher. Eh ! bon Dieu ! une vieille ou laide femme a beau couvrir son front et ses épaules de diamants, elle n'efface ni ses rides ni sa laideur. On admire les diamants et l'on se détourne de la femme. Nous n'en dirons pas autant des meubles de M. Théret, mais nous les aimerions mieux sans leur superfétation de cailloux précieux. Ce genre ne nous semble agréable et de bon goût que quand le meuble est fait de marbre blanc ; la couleur blanche, nous avons peut-être le droit de l'affirmer, reçoit heureusement toutes les applications de couleurs brillantes ; ainsi, rien n'est plus riche, plus agréable et plus gai à la fois qu'une étoffe à fond blanc, diaprée de fleurs et de feuillages variés. Ainsi, de tous les meubles exposés par M. Théret, nous préférons la cheminée en marbre blanc, avec application de fruits formés par les combinaisons des pierres précieuses, telles que jaspe, sardoines, agates, cornalines, lapis-lazzuli, avanturine, cailloux d'Égypte, du Rhin, cristaux, etc. Ces mosaïques sont encore bien placées sur quelques vases de fantaisie, sur des pendules, des coffrets, des petites tables, des menues bijouteries, objets qui présentent peu de surface ; mais nous sommes incapable d'apprécier leur avantage quand elles sont appliquées à des meubles d'un aspect sévère, comme ceux faits avec le bois d'ébène, ou avec les marbres noirs qui ne peuvent recevoir avantageusement que l'alliage de l'or.

Cette critique ne s'adresse point à M. Théret, mais bien aux meubles dits de Florence. Si nous ne considérons que l'exécution des meubles de M. Théret, en acceptant l'imitation, nous conviendrons, tout de suite, que ses travaux personnels sont dignes du plus grand intérêt, et qu'il faut l'encourager à cultiver et à développer en France un art dans lequel nous devons nous reconnaître inférieurs. Il est parvenu à donner un tel caractère de vérité à certaines pierres sculptées, qu'une grappe de raisin, exécutée en cornaline, pourrait bien avoir le sort de celle que Zeuxis avait peinte et qui fut becquetée par les oiseaux. — Nous verrions avec plaisir l'administration des Beaux-Arts utiliser le talent précieux de M. Théret, en réservant à son industrie certaines parties de décoration de nos monuments publics; peut-être le succès qu'il obtiendrait ferait-il accorder plus d'attention à un art qui a été cultivé avec enthousiasme souvent, toujours avec honneur, et qui n'a jamais été dédaigné que par l'époque actuelle.

Les observations générales qui précèdent concernent aussi M. HOUSSAYE, rue de la Bourse, n° 3 (N° **2294**), qui a exposé une collection de meubles dans le même goût. Les deux principales pièces exposées par M. Houssaye sont deux meubles d'appui, ou bahuts (car il faut toujours en revenir à cette dénomination qui est la véritable); ces meubles sont riches et largement compris, et se ressentent bien du goût italien du xvi° siècle. Ils sont en bois d'ébène, avec panneaux de marbre décorés de groupes de fruits en pierres précieuses. — Un faune et une bacchante soutiennent sur leurs épaules et sur leurs bras une corniche supérieure décorée aussi de pierres fines. Une pendule et deux flambeaux, exécutés dans le même genre, complètent cette décoration, qui conviendrait mieux à un cabinet d'amateur qu'à un salon de réception.

Au total, ce genre d'ameublement est fort intéressant. Il peut plaire à beaucoup de personnes, et nous souhaitons qu'il en soit ainsi, bien sincèrement; mais, par la raison même que les matières employées sont très-rares, elles sont très-chères, et c'est l'obstacle le plus sérieux qui s'opposera, en France et avec nos habitudes d'économie, à la popularité des mosaïques à l'instar de celles de Florence au xvi° siècle.

Pour en finir avec la marbrerie ajoutée à l'ébénisterie, il nous faut encore mentionner M. LEROY DE LA FERTÉ et C°, rue Grange-aux-Belles, n° 43 (N° **3755**), qui a exposé entre autres choses : 1° Une armoire-bibliothèque, genre Boule, en bois d'ébène incrusté de cuivre, d'étain et de nacre. Ce meuble est d'un travail gigantesque, mais qui manque de simplicité; 2° une table-bureau dans le même goût, et à laquelle nous ferons le même reproche; 3° un bahut en marbre des Alpes, orné de cuivre doré. Ce marbre, employé pour la première fois, a des nuances analogues à celles de l'agate, c'est-à-dire tendres et noyées. Puis une grande variété de coupes, pendules, caves à liqueurs, menus ustensiles de bureau, manches de couteau, confectionnés avec ce même marbre dont on n'a pu nous affirmer la provenance. Tous ces objets sont propres, transparents et agréables, mais d'un goût un peu lourd; la faute en est au marbre, quel qu'il soit, qui ne se prête pas facilement à tous les usages. — Si ces marbres sont français, qu'ils soient les bienvenus; nous avons assez payé le tribut aux Apennins. Vienne maintenant le tour de nos Alpes et de nos Pyrénées.

Parlons maintenant des cuivres estampés, industrie qui prend chaque jour un accroissement considérable.

MM. THOUMIN et CORBIÈRE, rue Saint-Antoine, n° 165 (N° 2828), fabriquent spécialement les articles de cuivre estampé applicables aux ameublements; les modèles de ces fabricants sont d'un grand effet, d'un beau relief et d'un excellent choix. Nous avons dessiné, pour former notre planche XV, plusieurs des principaux motifs exposés par eux, et entre autres : 1° Un *châssis*, genre rocaille ; 2° la *galerie* de ce châssis; 3° un thyrse, dont le principal ornement est un aigle tenant dans ses serres flamboyantes deux branches de chêne qui s'étendent et s'enlacent sur toute la longueur du bâton ; 4° un autre thyrse dans le genre rocaille. Ces ornements sont d'un aspect agréable, et l'on nous saura gré de les avoir reproduits de préférence. La fabrication de MM. Thoumin et Corbière est fort étendue, comprend toutes les parties de l'ameublement, et l'on n'a que l'embarras du choix en présence de cette variété considérable de modèles, de patères, de rosaces, de plaques, dont le détail est effrayant.

Nous en dirons autant des ornements en cuivre estampé exposés par MM. LECOCQ et Cⁱᵉ, rue des Francs-Bourgeois, n° 14, ou Marais (N° 2956); mais il nous faut ajouter que MM. Lecocq et Cⁱᵉ exploitent, sur de grandes proportions, les décorations des établissements publics, salles de spectacle, concerts, cafés, restaurants, etc. Les beaux modèles qu'ils exposent sont dignes des plus grands éloges; on sent qu'un goût sûr et expérimenté a présidé à leur arrangement, et, sans partialité pour eux comme sans injustice pour leurs rivaux, nous devons reconnaître que la plupart des modèles créés par MM. Lecocq et Cⁱᵉ sont bien loyalement empreints d'art sérieux. Nous voudrions pouvoir décrire toutes les corniches et rosaces pour plafonds, les chapiteaux, les culs-de-lampe, les modillons, les frises découpées, les oves, les thyrses, les riches patères qui garnissent le salon improvisé par la maison Lecocq et Cⁱᵉ dans la partie gauche de la galerie du Nord, au palais des Champs-Élysées ; mais, outre qu'un pareil détail serait sans intérêt pour nos lecteurs et sans profit pour MM. Lecocq et Cⁱᵉ, nous nous contenterons d'appeler l'attention des visiteurs sur cette exposition si riche et si intéressante d'ornements applicables à toutes les décorations publiques ou privées. Nous ne pouvons mieux faire l'éloge de la plupart de ces ornements qu'en reconnaissant qu'ils sont composés et modelés avec ampleur, que la multiplicité du détail ne nuit point à l'aspect général, et enfin que le vernis qui les recouvre, outre qu'il est d'un ton grave et mat, imite la dorure avec un rare bonheur.

M. MARSAUX, rue de la Perle, n° 14 (N° 2351), présente plusieurs modèles de galeries, de patères et d'encadrements de panneaux en cuivre estampé; la pièce principale exposée par ce fabricant est une loge de théâtre, peinte en blanc, revêtue de ses ornements de cuivre verni, et garnie de rideaux, et d'un lambrequin de velours rouge avec motifs de cuivre estampé.

Cette loge, d'un aspect satisfaisant, est élégante et bien composée.

M. TOURNIER, rue Saint-Sauveur, n° 24 (N° 2840), et MM. AGNELLET frères, rue du Caire, n° 7 (N° 3665), ont exposé, chacun de leur côté, une grande quantité de modèles de galeries, de patères et d'ornements de toutes sortes, propres à la décoration des appartements. Il nous serait difficile, pour ne pas dire tout à fait impossible, de détailler tous ces menus objets et de les comparer entre eux. Nous constaterons seulement qu'il y a, dans ces collections nombreuses, des motifs fort beaux, d'autres médiocres, et enfin d'autres plus médiocres encore.

Citons encore les cuivres estampés et les bronzes de M. DURENNE, rue Saint-Nicolas Saint-Antoine, n° 5 (N° 3571); ceux de M. PETITPAS, rue Castex, n° 5 (N° 2724); et enfin les bordures en cuivre estampé de M. ALPHONSE BLÈVE, rue de Lancry, n° 4 (N° 3272); ce dernier fabricant tient un grand assortiment de cadres pour les épreuves photographiques.

La fabrication de l'estampé prend une allure différente entre les mains de M. BASNIER, à Belleville, rue des Lilas, n° 7 (N° 3000); il l'applique avec un grand succès à la décoration des églises. Les ornements qu'il a créés pour cet usage sont d'un relief et d'une pureté tels, que nous les avons pris naïvement pour des cuivres fondus et ciselés. Les croix processionnelles, les crosses épiscopales, si lourdes d'habitude, deviennent, par ce moyen, faciles à porter. Les ostensoirs, les chandeliers d'autel, les patènes, les buires de M. Basnier sont aussi beaux que ceux exécutés en bronze. Et il n'est pas inutile de faire remarquer qu'ils peuvent être livrés à des prix bien inférieurs à ceux des bronzes ordinaires, avantage qu'apprécieront, sans aucun doute, les nombreuses paroisses assez pauvres, pour la plupart, de nos provinces. Il ne reste plus à M. Basnier, pour compléter son heureuse application, que de reproduire certains modèles conservés précieusement dans nos collections publiques, et qui pourraient s'harmonier avec les ornements byzantins, romans, gothiques ou de la renaissance qui subsistent encore dans beaucoup d'églises du nord et du midi de la France. En faisant ainsi, l'art et l'industrie recevront une nouvelle impulsion, et M. Basnier aura droit à la reconnaissance de tous les amis des arts et de la paroisse.

Les cuirs et le carton-toile en relief de MM. DULUD et Cie, successeurs de M. MARTIN, rue Neuve-Saint-Nicolas, n° 12 *bis*, faubourg Saint-Martin (N° 2358), méritent une grande attention. Les nouveaux propriétaires de cet établissement ont imprimé depuis peu de temps un essor vigoureux à cette fabrication ingénieuse, utile, et accessible à toutes les bourses; de beaux modèles ont été créés, et l'application du cuir en relief a été considérablement étendue à une infinité d'objets d'ameublement et aux grandes décorations des édifices publics. Solides, quoique légers, puisque chaque objet est d'un seul morceau sans solution de continuité, tous les ornements exécutés en cuir sont les trompe-l'œil les plus parfaits de la sculpture sur bois; ils offrent des ressources incalculables aux amateurs d'appartements imitant tous les styles d'architecture. Leur bon marché les fait adopter avec empressement, et le carton-toile, d'un prix inférieur encore, et recevant facilement la peinture à l'huile, est d'une application fréquente dans les tentures de salons, de boudoirs et de cabinets d'amateurs.

MM. Dulud et Cie, outre les mille objets d'art qu'ils revêtent de cuirs en relief, tels que livres, albums, boîtes à ouvrage, soufflets, tables à écrire, toilettes, ont dirigé leurs efforts avec succès vers les décorations religieuses : ils ont ainsi fabriqué des ornements spéciaux pour les chapelles; pour les orgues, pour les autels, pour les chaires, pour les bancs-d'œuvre, d'un prix tellement modique, que la plus humble église pourra s'en parer facilement. Une dernière tentative vient de couronner dignement cette entreprise déjà si remarquable et si intéressante ; nous voulons parler des quatorze tableaux complétant le *Chemin de la Croix*, qu'ils viennent de faire exécuter, en cuir repoussé et en carton-toile, d'après les bas-reliefs modelés par l'habile sculpteur Justin, auquel MM. Dulud et Cie ont aussi confié l'exécution du beau Christ en croix qui figure à l'exposition. Cette dernière application du cuir repoussé, destinée à remplacer les tableaux ou le plus souvent les fragiles lithographies qui décorent les églises, a été encouragée par les suffrages de beaucoup de prélats et de dames pieuses. Le *Chemin de la Croix* sera publié en quatorze stations ou bas-reliefs de 90 centimètres sur 70 cent., y compris le cadre orné et couleur de chêne à filets d'or, au prix modique de 50 fr. pour chaque station. La collection sera complète au mois de mars 1845. — MM. Dulud et Cie ont étendu si loin leur fabrication, qu'ils l'ont aussi appliquée aux études anatomiques. — On peut juger, par les morceaux exposés, du succès que doit obtenir cette heureuse application du cuir repoussé.

Les ornements en chanvre imperméable doivent être classés aussi dans la catégorie des estampés. — Cette nouvelle invention, à peine résolue, tend à prendre un développement considérable. Afin d'éprouver la solidité et la durée de nouveaux produits que l'expérience n'avait point encore consacrés, le gouvernement a fait fabriquer par l'inventeur, M. MARSUZI DE AGUIRRE, rue Royale Saint-Honoré, n° 4 (N° 2852), les ornements qui décorent, tant à l'intérieur qu'à l'extérieur, le palais de l'Industrie; nous ignorons quel a été le résultat de cet essai : mais si les matériaux, en chanvre imperméable, étalés sur les murailles de la barraque du Carré de Marigny, ont résisté aux assauts des tempêtes qui semblaient conjurées contre ce fragile monument de sapin, on peut désormais accorder toute confiance à leur imperméabilité, et les employer, sans hésiter, à toute la décoration des théâtres, des salles de concerts et autres lieux qui réclament, avant tout, de la légèreté, du bon marché et beaucoup d'effet. Toutes les sculptures peuvent être reproduites avec le chanvre imperméable, les rosaces, les frises, les panneaux, les bas-reliefs, les cadres de glaces et de tableaux, les objets d'art et de fantaisie. L'inventeur pousse même si loin la démonstration de l'application presque universelle du chanvre imperméable, qu'il expose des plateaux de service, des coupes, des gobelets, d'une résistance et d'une densité égales à celles du zinc et de la tôle. Si ces objets peuvent intéresser par la difficulté vaincue, nous ne les croyons cependant pas appelés à remplacer ceux qui les ont précédés, bien qu'ils comptent l'avantage précieux de l'indélébilité. Quant aux feuilles de chanvre dites *hydrofuges* pour les soubassements, couvertures de maisons, hangars et bateaux, nous attendrons le rapport du jury pour nous édifier sur leur valeur véritable. Nous constaterons seulement aujourd'hui que tous ces objets peuvent être dorés, bronzés, peints, et comme les cuivres estampés, comme les cuirs en relief, être employés avantageusement dans les décorations de toute espèce.

Le carton-pierre se montre complaisamment à l'exposition ; MM. Romagnesi aîné, Wallet-Huber, Hardouin, Cotelle et Lombard, représentent dignement cette spécialité qui joue un grand rôle dans les décorations intérieures de nos églises, de nos palais et de nos demeures.

M. ROMAGNESI aîné, rue de Paradis-Poissonnière, n° 24 (N° **2554**), à la fois statuaire et industriel, sait maintenir sa fabrication à la hauteur des succès qu'il obtint aux précédentes expositions. La collection de modèles qu'il expose est fort variée, mais elle n'est rien en comparaison de celle qu'on peut admirer dans ses vastes ateliers. Il a rassemblé tous les motifs les plus recherchés de la sculpture monumentale et architecturale, tous les ornements propres aux ameublements, tels que lustres, candélabres, coupes, pendules, lampes gothiques, coffrets, statuettes, etc. ; enfin tous les objets d'art et de fantaisie à l'usage des amateurs. M. Romagnesi est encore à la tête de l'industrie qu'il a été le premier à propager et qu'il a développée jusqu'au point où nous la trouvons aujourd'hui.

M. WALLET-HUBER, rue Bergère, n° 20 (N° **2912**), exploite surtout la spécialité des ornements d'architecture pour les appartements. —Créée depuis plus de vingt ans, sa fabrique est trop avantageusement connue de tous ceux qui s'occupent de cette matière pour que nous insistions sur le détail de ses remarquables produits.

M. Hardouin, sculpteur, rue de Breda, n° 24 (N° **2218**), expose un morceau capital, d'un excellent travail et heureusement imité du style gothique fleuri du XV° siècle. La carcasse de cet autel et de son contre-rétable (improprement dit : « sa contrétable » dans le catalogue non officiel) est en bois revêtu de carton-pierre ; ce morceau intéressant est destiné à la belle église de Saint-Jacques à Dieppe, dont il rappelle le style. M. Hardouin a encore exécuté, d'après des dessins fournis par un habile architecte, un porte-reliquaire en carton-pierre et bois, d'un excellent travail.

M. Cotelle, rue du Bac, n° 19 (N° **2691**), confectionne des cadres, des pendules, des galeries de croisées en bois, avec application d'ornements en plastique ou pâte métallique. Rien dans ce travail ne nous a paru différer des procédés employés jusqu'à ce jour ; c'est pourquoi nous mentionnerons tout simplement le nom de M. Cotelle.

M. Lombard, rue de Thorigny, n° 5 (N° **2780**), se sert aussi d'une pâte spéciale, qu'il appelle *Pâte française*, et sur laquelle nous nous déclarons insuffisamment renseigné : nous dirons cependant qu'au toucher cette préparation nous a semblé plus ferme et plus solide que toutes les pâtes faites avec les combinaisons ordinaires de mastics et de plâtres. Parmi les objets exposés par M. Lombard, nous avons distingué un joli cadre dans le style de la renaissance, et une table dans le même goût, qui sortent tout à fait des modèles ordinaires.

Si l'on nous demandait de résumer cette nomenclature de cuivres estampés, de cuirs en relief, de chanvre imperméable, de carton-pierre, de pâtes métalliques ou autres, nous serions fort embarrassé pour formuler une opinion satisfaisante pour tout le monde. — Dans nos fréquentes pérégrinations d'artiste à travers nos provinces, nous avons eu souvent l'occasion de rencontrer dans les églises, dans les musées, dans les théâtres, dans les cabinets d'amateurs, tous les produits appliqués de ces industries, nées de l'économie, — ce besoin dominant, cette nécessité absolue de notre époque. Eh bien ! nous le dirons sincèrement, toutes ces ornementations industrielles, maigres, sans souffle et sans vie, faisaient peine à voir ; les unes étaient bossuées, maculées, ternies ; les autres étaient déchirées, éraillées et grimaçaient en face des véritables sculptures ; les autels perdaient leurs ogives tréflées, les statuettes de saints laissaient tomber leurs bras, ils devenaient boiteux ; les feuilles roulées des cadres, les arcatures byzantines des reliquaires, se redressaient ou se détachaient. A peine assises à leur place, ces merveilles qu'on assurait éternelles étaient plus ridées, plus ruinées que les vieilles choses, encore debout et vivaces, qu'elles devaient remplacer avantageusement. Rien n'est plus triste assurément ; mais ce n'est point l'industrie qui est coupable !

Depuis quinze ans, la mode capricieuse édifie et renverse chaque chose dans un même jour ; un goût qui naît devient un besoin qu'il faut satisfaire tout de suite, sans retard, non pas à tout prix, mais au meilleur marché possible ; et quand le goût est passé, à quoi serviraient la solidité et la durée de tous ces objets de luxe ou d'utilité relative qui ne doivent pas vivre plus longtemps que le caprice qui les a créés ?

L'industrie a donc raison de s'attacher à ne produire que des choses d'application immédiate et à bon marché. — Le bon marché ! voilà le mot de ralliement des industries modernes. Inventez, produisez mille objets nécessaires, d'utilité absolue, cela est bien... mais vous n'auriez pas atteint le but si votre invention et vos produits ne sont pas à bon marché. On construit des maisons par des procédés économiques, et deux années après leur achèvement elles croulent comme des châteaux de cartes. On élève des ponts sur toutes les grandes rivières, sur les fleuves ; ils sont faits, au moyen de souscriptions, légèrement, à bon marché ; puis, après un jour d'orage, les actionnaires, riverains du fleuve, voient passer le pont, ballotté comme un fétu de paille, sur les vagues furieuses. Nos aïeux ne construisaient pas ainsi et ils avaient tort ; ils nous ont laissé trop de choses solides et qui nous gênent, notamment le Pont-Neuf, qui est vieux de trois siècles, Notre-Dame de Paris, âgée de plus de six cents ans. De nos jours on mêlerait indifféremment la brique, le fer, le zinc, le carton-pierre, le chanvre, et, au bout de six lustres et non de six siècles, on aurait le plaisir de recommencer selon le goût dominant. Ainsi soit-il ! —

MM. VIREBENT frères, rue Fourbastard, n° 4, à Toulouse (N° 384), ont si bien compris notre époque qu'ils ont essayé aussi de plier le grès et l'argile à l'ornementation intérieure et extérieure des appartements et de tous les édifices religieux et civils. Voilà en effet deux matières très-vulgaires, très-naturelles et par conséquent peu coûteuses, qui permettent des économies incroyables et qui offrent des conditions de durée dont l'expérience n'est pas douteuse. Les anciens ont employé la terre cuite en grande quantité dans tous les monuments qui sont encore debout, et l'humble argile a résisté plus que le marbre, la pierre et le bronze, aux ravages du temps et aux colères des peuples. Il était donc tout naturel de songer à remettre en honneur la fabrication du grès et de l'argile ; mais il fallait aussi perfectionner, et c'est ce qu'ont fait MM. Virebent frères. Grâce aux procédés qu'ils ont inventés, la terre cuite égale, par l'éclat et la solidité, la pierre la plus blanche et la plus dure ; elle est si bien dépouillée d'humidité qu'elle acquiert la sonorité vibrante du fer et du cuivre. On comprend bien que cette nouvelle invention peut rendre de grands services à l'art sculptural. Une statue, un buste, un bas-relief d'un grand artiste, peuvent être multipliés à l'infini et employés à la décoration d'un édifice, à l'embellissement d'un parc, d'un jardin public, résister à l'air autant que le marbre et la pierre, et coûter dix fois moins. Si l'architecture peut emprunter un grand secours de ces terres cuites de MM. Virebent pour la construction des édifices religieux, elle peut l'appliquer avec un égal succès aux décorations des maisons. Les chapiteaux, les frises, les balustres, les balcons, les vases, les chimères, les gargouilles de terre cuite, sont en effet supérieurs sous tous les rapports à ceux exécutés en fonte de fer, en fer et en plâtre, cela va sans dire. — L'art et l'industrie gagneront à ce nouveau procédé.

Parlons encore des sculptures sur bois, estampées à chaud, de MM. FRANTZ et ANDRÉ, rue Censier, n° 6 (N° **3639**). Nous n'avons point à donner le détail du procédé employé pour cette fabrication, qui, quoique importé d'Angleterre, est d'origine française ; cependant nous pouvons communiquer à nos lecteurs le résultat de nos investigations. Les fragments de bois tendre, destinés à être sculptés, sont préparés au feu afin de les rendre ductiles, et soumis à une matrice de métal qui les pénètre et leur imprime ses reliefs et ses cavités, ou bien c'est la matrice qui est chauffée à un certain degré et qui consume les parties du bois qui doivent être creusées. Nous n'en savons pas davantage ; ce qu'il y a de certain, c'est que le bois est brûlé et qu'une sculpture très-précise résulte du moyen employé. Voilà encore un procédé économique et tout à fait industriel ; il ravale considérablement l'art, mais il n'existerait pas sans l'art. MM. Frantz et André ont exposé plusieurs objets sculptés par ce procédé, entre autres un prie-Dieu dont les motifs sont convenablement légers et délicats, mais ils manquent de relief et peut-être aussi d'une certaine originalité. Néanmoins le but est rempli : économie, rapidité, apparence, — ces trois problèmes sont résolus. Toutefois, il faut reconnaître que cette invention arrive à la lumière un peu tardivement : si elle eût été connue il y a quelques années, au moment où nous voguions en plein style gothique, et où les commis voyageurs de la spécialité allaient, dans les provinces les moins civilisées, dépouiller les chaumières et les étables des bahuts et des lambris de bois vermoulu et rongé par les mites, elle eût joui d'un succès pyramidal, et les marchands de bric-à-brac eussent fait d'excellentes affaires en nous dupant plus longtemps ; mais on a tant abusé du bahut, on l'a vanté si fort, qu'il est tombé en discrédit ; la console rocaille et le meuble d'appui du fameux Boule l'ont détrôné sans pitié. *Sic transit gloria risci!!!* Tout passe, passe.... et disparaît.

Poursuivons le compte rendu des meubles et siéges que nous avons quelque peu délaissés pour les ornements estampés de toutes sortes.

Nous devons faire figurer aux premiers rangs les meubles exposés par M. DU-
RAND FILS, rue de Harlay, n° 5, au Marais (N° **3815**). Le meuble principal
de cet habile ébéniste est une grande bibliothèque, en bois d'acajou, composée
dans le style de la renaissance, ayant pour base l'architecture de l'église Saint-
Eustache. Ce beau morceau, d'un aspect fort riche, est formé, au centre, par
quatre arcades, séparées par des colonnes supportant la corniche, ornée de
quatre frontons, sculptés en rinceaux. Les deux extrémités, faisant avant-corps,
sont surmontées de frontons hémisphériques, brisés au centre et réunis par un
cul-de-lampe. La partie inférieure du meuble est saillante et pleine aux extrémités. Bien que ce meuble ne soit pas d'un style absolument irréprochable, il
n'en est pas moins resté une des œuvres capitales de l'Exposition. Il est d'un
excellent goût, admirablement travaillé et sculpté avec un grand art et un
grand soin.

M. Durand fils a encore exposé un ameublement de chambre à coucher, en
bois de palissandre, dans le style de la renaissance, arrangé à la moderne. Le lit,
la commode et l'armoire à glace sont sculptés de toutes parts et relevés d'appliques de cuivre doré. On a déployé, dans la composition de ces trois meubles, un
grand luxe d'ornements, de filets, de pilastres, qui ne sont peut-être pas d'un
goût parfaitement orthodoxe, mais qui répondent bien aux exigences de l'élégance, telle que la Mode nous l'a faite. Il est impossible d'apporter plus de soin
que M. Durand fils à la confection de l'ébénisterie, et notre appréciation favorable n'ajoutera rien à la belle réputation qu'il a su acquérir par ses travaux
antérieurs, et que l'exposition de 1844 contribuera considérablement à augmenter ; nous regrettons seulement que M. Durand fils n'ait pas compris l'avantage
de la publicité que nous lui offrions, et qu'il n'ait point consenti à nous laisser
reproduire, dans son intérêt comme dans celui du public, quelques-uns des
beaux et riches modèles qui eussent témoigné de la sincérité des éloges que
nous lui accordons.

Si nous n'avons pu vaincre les scrupules de M. Durand fils, qui craignait
que la publicité offerte à ses modèles ne donnât les moyens aux autres fabricants de
pouvoir les reproduire facilement et ne lui retirât le bénéfice honorifique de ses
compositions, — crainte qui nous paraît peu fondée à propos d'objets qui ne sont
eux-mêmes que des imitations modifiées de meubles des XVI° et XVII° siècles, —
nous avons été plus heureux auprès de M. LEBLANC, rue de la Madeleine, n° 22
(N° **3316**), qui nous a permis de dessiner et d'offrir au public le magnifique
lit en bois d'ébène qui figure sur notre planche XXVII, et qui est assurément
le morceau d'ébénisterie le plus complet et le plus pur, sinon le plus riche, dans
le sens vulgaire de ce mot, de toute l'Exposition de 1844. M. Leblanc fabrique
spécialement les meubles imités des siècles passés ; il exécute, lui-même, toute

l'ébénisterie de ces meubles, et, par conséquent, le mérite du travail lui revient de droit, sans partage. Aussi ne craindrons-nous pas d'avancer qu'il est impossible de rencontrer plus de goût, plus de soin et plus de précision que dans le lit exposé par M. Leblanc. Ce lit est simple, rectiligne et d'une gravité splendide ; il est conçu dans le style dominant sous les règnes de Henri IV et de Louis XIII , c'est-à-dire en bois massif et peu orné. Les dossiers sont droits et revêtus de pilastres geminés, avec chapiteaux d'ordre corinthien ; chaque dossier est couronné par un gros rouleau cannelé ; de belles moulures complètent l'ornementation. Rien de plus simple , et cependant rien de plus beau et de plus attrayant. L'exécution est admirable , et en disant cela , nous sommes l'écho de la majorité intelligente des visiteurs du palais de l'Industrie , qui, après avoir passé sous le feu roulant de tous les meubles étincelants d'or, d'argent et de porcelaines, revenait, presque respectueuse et recueillie, contempler ce lit, en apparence le plus modeste et en réalité le plus riche et le plus somptueux. Cette sympathie était si profonde, que nous ne pouvons mieux la traduire qu'en la comparant à celle que provoquerait la *Vénus de Milo* au milieu des statues du parc de Versailles ; les hommes d'art comprendront la valeur de cette comparaison. Si nous vivions à une époque où la méditation fût encore possible, où un homme, ami de l'étude et de la contemplation, pût s'enfermer, pendant de longs jours et de longues nuits, dans un retrait mystérieux et grave, embelli par un art sévère et profond,—nous dirions que ce lit, en bois d'ébène, devrait être le premier meuble à choisir, et que celui-là seul serait digne de cette destination privilégiée. Mais de nos jours, le philosophe le plus robuste est obligé de tendre les mains aux fers que la Mode lui présente ; il n'y a donc qu'un prélat — aimant l'art et la simplicité — qui oserait se permettre une aussi grave infraction aux lois absolues de la stupide Déité, en admettant dans son mobilier un meuble aussi adorablement calme. Dans un pareil lit, on ne peut lire que les œuvres de saint Augustin et de saint Jérôme, reliées en chagrin noir ; le roman-feuilleton en vingt-cinq volumes serait un anachronisme. — C'est presque du courage à M. Leblanc d'avoir osé être si simple. Qu'il en soit loué et remercié comme il le mérite.

M. Leblanc a encore exposé un petit *Cabinet* d'un style analogue à celui de son lit. Ce petit meuble, inachevé , a reçu l'application toute moderne d'un tiroir servant de tablette pour écrire,— innovation qui lui donne un caractère d'utilité ; mais en somme, la masse principale de cet objet n'est qu'une imitation des cabinets en usage au XVIIe siècle surtout, et nous ne saurions lui accorder autant d'admiration qu'au meuble dont nous parlions tout à l'heure.

Non loin de M. Leblanc nous avons remarqué un joli *Bureau-étagère*, dans un genre composé, sculpté avec beaucoup d'art par M. COULON , boulevard

Bourdon, n° 4 (N° **1876**). La forme est gracieuse, et les pieds sont formés de griffons d'un excellent goût.

M. HENKEL, rue Chapon, n° 18 (N° **2283**), n'a exposé qu'un seul meuble : une bibliothèque en bois de noyer ; mais ce meuble seul suffirait à établir la réputation d'un fabricant encore ignoré. Nos abonnés nous sauront gré d'avoir reproduit, dans notre planche XVI, ce meuble magnifique qui restera un des meubles les plus appréciés de l'Exposition de 1844. Cette bibliothèque est composée dans le style très-pur de la renaissance, époque de Henri II. La base est formée de deux vantaux, richement décorés d'arabesques, de cartouches et de feuilles d'un goût excellent. Une double corniche et des pilastres doubles remplacent les angles ; cet ornement est d'une richesse extrême ; quatre ravissantes figures de femmes, en ronde bosse, supportent les corniches de la partie inférieure. Ces figures sont harmoniées, dans le corps supérieur du meuble, par quatre cariatides d'enfants, dont les pieds se terminent en feuilles qui viennent elles-mêmes s'ajuster dans des ornements fantastiques, familiers à l'époque à laquelle le style de ce meuble est emprunté. Un cartouche gracieux et délicat surmonte le couronnement et est relié fort ingénieusement au rinceau de la corniche. — Ce meuble est d'un bel aspect, et rappelle bien à la fois et l'aimable sévérité et la richesse simple, — s'il est permis de s'exprimer ainsi, — de cette ère si féconde de la Renaissance. Nous ne doutons pas que ce beau meuble ne soit acquis honorablement ; car c'est une belle œuvre d'art dont il faut féliciter M. Henkel, en l'engageant à persévérer dans ce système d'exécution, le plus conforme aux nobles traditions de l'art ancien et le mieux approprié à l'élégance contemporaine.

Sous le N° **1861** M. LEGOST FILS, peintre sur porcelaine, rue du Faubourg Saint-Denis, n° 111, a exposé un lit, en bois de rose, orné de cuivres dorés, de médaillons de porcelaines et garni de courtines et rideaux en velours bleu. Si M. Legost avait composé et construit lui-même ce lit d'un goût déplorable, nous le blâmerions sévèrement de n'avoir point cherché une forme admissible ; mais il nous faut seulement regretter qu'il n'ait point fait choix d'un ébéniste intelligent. Nous ne saurions raisonnablement assigner un style à ce lit de M. Legost ; si l'on admet que quatre colonnes, supportant une corniche, suffisent pour rappeler le style de la renaissance, ce lit appartiendra donc à ce style ; maintenant, comme nous l'avons dit ailleurs, on ne trouve le bois de rose et la porcelaine qu'avec le XVIII° siècle ; or, ce lit qui est construit avec le bois de rose, qui est orné d'appliques en cuivre doré et de médaillons de porcelaine, appartiendrait donc au genre Louis XV ; mais dans le style de la renaissance, pas plus que dans le genre Louis XV, on ne trouve ces corniches plates, avancées, et qui ne sont traditionnelles dans aucune architecture ; rien n'est plus ridicule, au point de vue de l'art, que l'ensemble de ce lit. Mais encore une fois, nous le répétons, ce n'est point M. Legost qui est le coupable ; c'est l'ébéniste auquel il a confié ce travail. C'est un malheur que nous déplorons sincèrement ; car il est fâcheux de voir dépenser maladroitement des jours et des écus précieux. — Ce qui est l'œuvre de M. Legost, les médaillons, les petits tableaux, les ornements de porcelaine peinte, qui figurent de toutes parts sur le lit dont nous parlons, sont dignes de grands éloges ; rien n'est plus fin et plus gracieux ; c'est suave et voluptueux comme Watteau, — ce qui prouve d'autant mieux que c'était un lit dans le genre Louis XV qu'on voulait faire, — et non un meuble sans antécédent dans les arts industriels. Avis donc à M. Legost pour la prochaine Exposition.

Nous aurions bien envie de chicaner aussi M. MARSOUDET, rue de Charenton, n° 85 bis (N° **1788**), sur la confusion de style qui règne dans l'ameublement de chambre à coucher qu'il a exposé ; rien n'est moins sympathique que le XVIᵉ et le XVIIIᵉ siècle, et rien n'est plus déplorable que de tenter de rapprocher ces deux époques, dont les allures sont disparates. Eh bien ! nous trouvons également dans le lit, l'armoire à glace et la commode de M. Marsoudet des éléments empruntés à ces deux époques ; nous ne savons quels sont ceux qui dominent. Ces meubles sont en bois de palissandre, richement sculptés et revêtus d'une innombrable quantité d'ornements en cuivre doré ; certes, il y a là profusion et abus de bonnes choses ; les pieds sont généralement d'un dessin lourd. Il est facile de voir que M. Marsoudet a tenté, comme la plupart des ébénistes modernes, de prendre le mezzo-terminé de tous les styles remis en vogue, afin de plaire à l'acheteur, assez généralement peu connaisseur, et qu'il n'a pas prétendu faire de l'art pur ; aussi n'insisterons-nous pas sur l'absence d'homogénéité que nous signalons dans le dessin de cet ameublement ; nous louerons au contraire la belle exécution, le soin minutieux de l'ébénisterie, enfin tout ce qui a rapport à la construction de ces meubles ; nous trouverons même des éloges pour certaine innovation, passée inaperçue, qui consiste dans l'addition de cassolettes pour brûler des parfums, placées dans les vases qui ornent le dossier du lit. Nous prévoyons les progrès que doivent amener, pour l'avenir, les efforts persévérants de M. Marsoudet.

Nous admettrons moins encore la composition du lit et de la commode, en bois de palissandre, exposés par M. PENNEQUIN, rue Lesdiguières, n° 3 (N° **3887**). Les formes de ces meubles sont lourdes et massives, maussades comme celles du genre connu sous le nom de *style anglais ;* les pignons, qui forment les quatre angles du lit, rappellent fâcheusement certaine architecture, familière aux fabricants de tombeaux des cimetières parisiens ; mais, bien que nous n'approuvions pas le dessin de ces meubles, il nous est impossible de ne pas reconnaître qu'ils sont exécutés avec une grande précision et que le travail est extrêmement soigné. M. Pennequin est l'inventeur d'une machine à guillocher, au moyen de laquelle il décore tous les meubles fabriqués dans ses ateliers; mais ce procédé économique est loin de faire oublier et même de remplacer les plus simples sculptures.

Combien nous préférons l'ameublement de chambre à coucher en bois d'ébène exposé par MM. ROYER FILS et CHARMOIS, rue du Faubourg Saint-Antoine, n° 23 (N° **3803**) ! Ici nous ne trouvons sincèrement qu'à louer. Aussi nous sommes-nous empressés de dessiner dans nos planches XXI et XXII les principaux objets exposés par ces habiles industriels. La planche XXI représente une armoire à glace, faisant partie d'un ameublement complet de chambre à coucher. Le lit, la commode et l'armoire à glace, composant cet ameublement, sont en bois d'ébène sculpté, avec ornements de cuivre doré. Leur caractère architectonique rappelle plutôt le genre Louis XV que le style de la renaissance; mais personne, que nous sachions, n'a mieux tiré parti des quelques éléments sains du rococo que MM. Royer et Charmois. Leurs meubles ont conservé les lignes droites dans leur perpendicularité, ce qui les rend sympathiques aux angles de nos appartements, tandis que les lignes horizontales affectent le mouvement contourné, mais avec sobriété, des meubles du XVIIIe siècle. Assurément, cet alliage de formes n'est pas orthodoxe, mais il est parfaitement admissible, puisqu'il donne un résultat des plus agréables. La gravité et la grâce se trouvent en présence, sans que l'une absorbe l'autre. Le lit, malgré la sévérité du bois employé, est d'un aspect charmant, et plus d'une de nos élégantes a dû le remarquer comme nous, l'ébène, avec un juste emploi d'ornements dorés, habilement ajoutés aux sculptures, est plus aimable que le palissandre et que l'acajou. Rien n'est plus délicat que la forme onduleuse du couronnement de l'armoire à glace et de l'ornement qui le termine. Ajoutons que les consoles, en feuilles roulées, placées au haut et se répétant, en sens inverse, dans la partie inférieure, contribuent considérablement à donner à ce meuble une physionomie élégante et toute nouvelle; la commode est à trois compartiments : un grand et deux petits; elle est digne de figurer auprès des deux beaux meubles dont nous venons de parler. Toutes les sculptures qui règnent dans cet ameublement sont d'un goût excellent, et les cuivres dorés qui les accompagnent sont assortis d'une manière ingénieuse.

Le fauteuil qui figure sur la planche XXII est en bois doré, *à médaillon*, dans le goût le plus convenable de l'époque de Louis XV. — Un groupe de fruits décore le fronton et se répète sur le devant du siége. Ce fauteuil, malgré sa simplicité, peut-être même à cause de cette simplicité, nous plaît plus que nous ne saurions le dire; il est léger, délicat, gracieux, sculpté avec un goût exquis. Nous ne pouvons donc trop le vanter.

Notre planche **XXII** reproduit encore un meuble charmant, exposé par MM. Royer fils et Charmois. Ce meuble est-il qualifié, en terme du métier? nous l'ignorons ; mais pour nous, ce n'est ni un secrétaire, ni un bureau, ni une toilette : c'est tout cela à la fois ; le vocabulaire académique ne contient pas le mot qui résume ces trois mots ; la langue italienne, plus souple que la nôtre, nous permettrait de trancher la difficulté, au moyen d'un diminutif gracieux : *Toilettinette*. En effet, ce joli meuble est destiné à renfermer les objets complémentaires de la toilette, les bijoux, les perles, les bracelets, les colliers, les fleurs, le blanc, le rouge, les mille futilités nécessaires à l'élégance féminine ; il n'est point d'un usage absolu ; or, le diminutif du mot peut convenir au diminutif de la chose. Et, afin que la fantaisie fût complète, les habiles ébénistes, sans imiter un goût particulier, ont marié avec esprit le bois de rose, la porcelaine, les incrustations d'écaille et de cuivre, selon leur caprice ou leur goût. Au total, ce joli meuble de boudoir est ravissant ; nous renonçons à le décrire : nos lecteurs pourront se reporter au dessin qui le traduit, et ils jugeront de la bonne foi de nos éloges. — Ces éloges, MM. Royer fils et Charmois les méritent. Qu'ils continuent à marcher dans cette voie intelligente, et les encouragements ne leur manqueront pas.

M. JACOB-DESMALTER, rue des Vinaigriers, 23 (N° **1280**), n'a pas laissé péricliter la vieille réputation accordée à sa fabrication. Le peu de meubles exposés par lui témoigne encore d'un excellent goût et d'une exécution consciencieuse. Nous avons admiré, de ce fabricant, un magnifique bahut en ébène, avec incrustations et cuivres dorés, dans le genre de Boule, pouvant servir de socle à une statue précieuse. Ce meuble, élégant et sévère, est conçu dans de belles proportions et exécuté avec un soin que nous ne saurions trop louer.

Parmi les autres meubles exposés par M. Jacob-Desmalter, nous devons surtout signaler une belle armoire à glace, en bois de courbaril, d'une forme simple, tirant son principe du style de la renaissance, avec quelques innovations qui nous semblent louables. Le cadre de la glace est en bois d'ébène, et deux autres glaces, ajoutées aux angles de l'armoire et pivotant en tous sens, reflètent l'allure de la personne en contemplation, sous différents aspects. Cette addition n'est point à dédaigner, elle ne nuit en aucune façon à la coupe générale du meuble, et elle a l'avantage de reproduire, à la grande satisfaction des coquettes, la désinvolture complète de la toilette. Ces meubles sont faits avec une grande habileté, et, bien que d'un style assez recherché, peuvent fort bien trouver place dans des ameublements modernes.

La maison MEYNARD et fils aîné, rue du Faubourg Saint-Antoine, n° 52 (N° **1284**), se distingue aussi par l'excellence de ses produits. Elle a exposé une grande bibliothèque en bois de courbaril, dans le goût moderne arrangé;

quelques ornements en cuivre doré, sobrement distribués, relèvent la monotonie du bois. Cette bibliothèque, ornée de trois panneaux de glaces, forme aussi bureau et secrétaire, et contient en outre un escalier qui rentre, par un mécanisme simple, dans l'intérieur du meuble, sans que l'élégance soit en rien altérée. Cette innovation est très-appréciable et est appelée à un certain succès. MM. Meynard et fils ont encore exposé un meuble, tout de fantaisie, qui peut être à la fois une bibliothèque, un chiffonnier, à l'usage des dames principalement, propre à être placé dans un boudoir élégant et composé dans ce goût Louis XV dont nous avons déjà parlé plusieurs fois, c'est-à-dire en bois de rose uni au palissandre, avec de légères appliques de cuivre doré; les côtés sont revêtus de glaces avec des candélabres gracieux; addition qui donne à ce joli meuble, frivole en apparence, l'utilité d'une armoire à glace. Un fauteuil et une chaise, en bois de palissandre, avec de légères coquilles de cuivre doré, dans le genre Louis XV, d'un travail simple et à la portée de tout le monde, complètent le contingent de M. Meynard et fils aîné, et prouvent qu'ils exécutent tous les genres avec un soin égal. Les meubles de ces fabricants ne sont point des meubles d'art, mais ils sont d'un goût excellent pour la consommation courante; s'ils n'ont point les allures d'une élégance effrénée, ils ont au moins le mérite d'être abordables pour tous, et ce mérite-là est de ceux que l'on n'apprécie pas assez.

M. JOLLY, rue du Faubourg Saint-Antoine, n° 38 (**3817**), a exposé plusieurs meubles de fantaisie, parmi lesquels nous avons remarqué un secrétaire, en bois de *l'Aitre* (de la Guyane française, nous a-t-on dit, car nous déclarons ignorer aussi bien l'orthographe que l'origine de ce bois moucheté), dans un goût que rappelle le XVIII° siècle plutôt que toute autre époque; ce meuble est assez simple et les ornements de porcelaine peinte qui le décorent ne sont point déplacés.

Un meuble extrêmement remarquable, exécuté par M. Jolly, c'est un meuble de fantaisie, appelé *Bonheur du jour*. Ce joli meuble, dans le goût de la renaissance, est en bois d'ébène, orné de moulures en cuivre doré; il comporte un tiroir à écrire, et par un mécanisme extrêmement ingénieux, la glace, immobile jusqu'alors, peut être avancée, reculée, poussée à droite et à gauche selon la fantaisie. De chaque côté sont placées deux girandoles, à trois bougies chacune, qui donnent à l'ensemble une grâce toute charmante. — Puis un prie-Dieu, dans le goût plutôt que dans le style de la renaissance, avec incrustations de cuivre doré; un écran en ébène est ajouté à ce meuble, qui peut, à l'occasion, servir de jardinière. Les meubles de M. Jolly méritent d'être signalés à cause de leur bon goût et de leur exécution soignée.

M. LUND, rue Saint-Pierre-Popincourt, n° 4 (N° **3796**), a exposé une assez

grande quantité de meubles, dignes d'une mention particulière. Nous en reproduisons deux dans notre planche XXIII. D'abord un grand bureau, dit
Bureau-ministre, en bois d'ébène, dans un style composé, à pieds de biche,
avec compartiments en marqueterie. Notre dessin pourra faire apprécier toute
la richesse et l'élégance de ce meuble. Puis un petit bureau, dans le genre
Louis XV, exécuté avec un soin rare et avec un goût exquis. Les autres objets
exposés par M. Lund consistent en un autre petit bureau dans le même goût;
deux tables à ouvrage, en bois de couleurs, assorties avec intelligence, deux petites étagères suspendues, genre Louis XV, d'une délicatesse et d'un fini précieux; une table de petite proportion, imitée de Boule, et deux tables dans
le style riche du XVIIIe siècle.

Tous ces meubles sont aussi jolis qu'on peut l'imaginer; ils sont travaillés
avec un soin sans égal; tout cela est coquet, d'une physionomie charmante;
les intérieurs sont garnis en bois de couleurs; les marqueteries, les fleurs, les
cuivres sont extrêmement variés; mais rien n'égale comme splendeur, comme
véritable ampleur et aussi comme patience, les deux grandes tables-bureaux,
dans le genre Louis XV, dont nous parlions à l'instant. — Bien que la composition de ces tables rappelle, par le détail et par la forme, le goût rocaille, elle
conserve l'ampleur et la grande richesse du règne de Louis XIV. Les cuivres
sont larges et d'une belle allure, et les marqueteries, appliquées sur les tables,
nous paraissent au-dessus de tout éloge. — Seulement, nous ferons observer
que l'une de ces marqueteries n'est pas l'œuvre entière de M. Lund. — Ceci
ne porte en rien préjudice au talent de l'habile ébéniste, et voici pourquoi:
M. Lund possédait ce morceau précieux, — vénérable relique de l'art ancien,
mais aussi, comme toutes les reliques, disloquée, décollée, ruinée de toutes
parts. — Il ne voulut point le laisser sans emploi, et il fit bien. Il rajusta donc
le fragment déchiqueté, recomposa les parties altérées, ajouta celles qui étaient
absentes, et allongea, à droite et à gauche, la composition première, insuffisante
pour le meuble qui allait la recevoir.

Or, M. Lund ne peut réclamer tout le bénéfice de ce beau travail, unique
peut-être, et qu'il eût été grand dommage de laisser périr ignoré; mais il faut
lui rendre cette justice que, dans cette restauration, menée à si bonne fin, il
s'est placé à la hauteur de l'ébéniste primitif; il a si bien imité le dessin, assorti les tons des bois, copié la précision du morceau incomplet, qu'on ne sait
guère où commence et où finit le travail de M. Lund. Certes, il n'a point inventé cette marqueterie, mais qu'importe? Qui oserait lui faire un crime de
cette imitation, de cette assimilation intelligente? Il y a là œuvre d'artiste, et cela
vaut bien, vaut bien mieux, voulons-nous dire, que ces calques positifs de meubles
connus, que ces surmoulages d'ornements qui ne sont pas rares à l'exposition

de 1844. — Il y a plus, M. Lund, pour prouver, en dehors de sa restauration, sa véritable science de marqueteur, a exécuté lui-même la marqueterie de l'autre table, et, si cette dernière est inférieure comme composition , ce n'est point la faute de M. Lund, mais bien celle de l'art moderne, qui est placé dans des conditions inférieures à celles de l'art ancien. — Au surplus, la marqueterie faite par M. Lund n'est point honteuse auprès de la vieille marqueterie, et quoi qu'on dise, ces deux tables restent deux morceaux précieux, dignes d'un grand intérêt, et assurément, sous tous les rapports, les plus recommandables de l'exposition.

Voici de M. HOEFER, boulevard Beaumarchais, n° 22 (N° **1279**), un assortiment de meubles de fantaisie, mais surtout un lit, une armoire à glace et une commode-étagère, en bois d'ébène, avec des ornements et des figurines en cuivre doré, fort simples. — Ces meubles ne sont pas composés dans un style avoué, mais ce style appartient au siècle de Louis XIV plutôt qu'à tout autre. Puis un grand bureau, genre mixte du XVIIIe siècle, en ébène verni, avec appliques de cuivre doré ; puis encore une table en bois de rose, genre Louis XV, et un joli petit bureau de dame, en bois coloré. L'absence de style de tous ces meubles est fâcheuse ; il ne suffit pas d'exécuter convenablement et solidement, il faut que toute chose ait un caractère déterminé, et les meubles de M. Hœfer n'en ont pas.

Citons encore les meubles dans le genre Louis XVI, les bahuts imités de Boule, les socles de bustes, en bois de rose, exposés par M. KREISSER, rue neuve du Luxembourg, n° 30 (N° **2455**); tout cela est lourd, d'assez mauvais goût, d'une exécution molle, et assez maladroitement composé.

Voici maintenant quelques meubles conçus dans un goût plus simple, dans ce goût qu'en l'absence de la nouvelle architecture à naître, nous appellerons le style moderne. Nous savons bien que cette qualification fera hausser les épaules à quelques bonnes gens qui se croient aussi grands que Christophe Colomb parce qu'ils ont pillé, çà et là, quelques lambeaux, ajustés tant bien que mal, dans un cadre de leur invention ; mais nous n'en persisterons pas moins à dire qu'il y a un style moderne dans l'ébénisterie. — Ce style a les allures de notre époque; il est guindé, faux, bâtard, comme notre littérature, comme nos poëtes, comme nos mœurs. — Nous nous gardons bien de l'admirer, mais nous le reconnaissons. Nous mentirions à notre rôle d'historien si nous le méconnaissions.

Toutes ces belles imitations des XVe, XVIe, XVIIe et XVIIIe siècles sont louables et prisables, en tant que travail, main-d'œuvre et recherche, mais elles ne sont pas destinées à devenir populaires ; leur prix élevé les rend inabordables pour le plus grand nombre; elles n'ont de sourires que pour quelques élus ; or, il faut travailler pour les masses; le but de l'industrie contemporaine, sans cesser de tendre vers l'économie, le bon marché et l'utilité, doit être encore de rendre l'art familier à tous. Il faut donc encourager les efforts des industriels qui, en restant dans les conditions nécessaires de bon marché, appliquent l'art, quoique faiblement, aux objets d'utilité et de nécessité.

M. RIMLIN, rue Neuve-Saint-Laurent, n° 16 (N° **3904**), nous semble un de ceux qui ont le mieux compris cette loi dominante de l'économie industrielle. Tous les meubles qu'il a exposés en font foi. Ici plus de marqueteries, de porcelaines, de cuivres dorés; le palissandre seul, sans alliage, se montre dans toute sa splendeur. Les formes sont droites, mais ornées de légères sculptures, empruntées au goût rocaille; tout cela est joli, gentil, suffisant. Un modeste rentier peut convoiter, sans crainte, ce lit, cette armoire à glace, cette commode, cette étagère de salon, cette table à ouvrage, ce métier à tapisserie : il peut, sans absorber le revenu d'une année, meubler sa chambre à coucher et son salon. Que de gens seront de notre avis ! C'est pourquoi nous avons dessiné, planche XVII, le lit, l'étagère de salon et la table à ouvrage de M. Rimlin. On pourra juger que le style de ces meubles, s'il y a vraiment style, convient parfaitement à notre époque, c'est-à-dire à nos usages, à nos mœurs, à nos appartements. En outre, la condition inévitable est remplie. — Ces meubles sont solides, bien faits, soignés, pas cher, en voilà plus qu'il n'en faut pour faire la fortune et la réputation de M. Rimlin.

Nous en dirons autant, à propos de M. BOUTUNG, rue du Faubourg Saint-Antoine, n° (N° **8891**), qui expose une armoire à glace en bois de palissandre, dans ce style moderne, mais très-simple et très-beau. Si nous osions exprimer toute notre pensée, nous dirions sincèrement à M. Boutung que nous préférons ce meuble, calme et d'un excellent travail, à ses deux armoires-bibliothèques, exubérantes de mosaïques, de découpures, en pierres, en étain, en cuivre, etc. — Meubles magnifiques, précieux, — œuvres d'art et de patience, mais nous savons qu'il faut travailler pour toutes les bourses et pour tous les goûts ; aussi notre admiration pour la simplicité ne nous empêchera pas de signaler ces deux armoires, comme des morceaux de haute valeur, exécutés avec un soin et une conscience des plus méritoires, et bien dignes de conserver à M. Boutung la belle réputation qu'il a justement acquise par ses beaux travaux en ébénisterie.

Quoi de plus réellement admirable que cette grande bibliothèque, exposée par MM. ROYER ET FILS, rue Richelieu, n° 104 (N° **1980**)? Elle est en bois de l'île d'Amboine, bois simple et d'un ton agréable. Elle est simple aussi de lignes et divisée en trois panneaux. C'est vraiment un meuble monumental, d'une exécution irréprochable, et splendide à force d'être simple. C'est beau, fort beau. Nous louons de pareilles choses avec un grand plaisir ; le public, alléché par les kaleïdoscopes de cuivres dorés, de porcelaine, de pierres précieuses, ne les a peut-être pas vus et étudiés ; tant pis pour le public ; tout ce qui reluit n'est pas or, dit le vieux proverbe.

Mêmes éloges à M. CLAVEL, passage de la Bonne-Graine, n° 123, faubourg Saint-Antoine (N° **1274**), pour son *Bureau-ministre*, si remarquable par sa simplicité et par ses belles formes. — Ce bureau est en bois d'acajou , ainsi qu'un beau buffet de salle à manger, qui comporte certaines innovations que nous devons signaler. La partie supérieure de ce meuble a l'aspect d'une bibliothèque et sert à renfermer la vaisselle et l'argenterie ; elle est fermée par des portes à glaces. Le corps inférieur est semblable aux buffets ordinaires, seulement les côtés se terminent circulairement, amélioration qui permet de trouver, dans les angles, deux petites armoires pour les menues pièces de la vaisselle. Quelques sculptures légères décorent les panneaux inférieurs de ce buffet. — M. Clavel a exposé encore une jolie table en bois de rose, à pieds de biche, avec moulures et ornements de cuivre doré, et une armoire à glace, en bois de palissandre, genre rocaille, assez richement sculptée, dont nous donnons le dessin, planche XXVIII. Ce dernier meuble est d'un fort bon goût, exécuté avec intelligence, et témoignera du soin que M. Clavel apporte dans tous ses travaux.

Cette même planche XXVIII contient aussi un lit, faisant partie d'un ameublement de chambre à coucher, exposé par M. ROLL, rue du Faubourg Saint-Antoine, n° 42 (N° **3884**). Cet ameublement est dans le goût moderne que nous signalions tout à l'heure , c'est-à-dire en bois de palissandre , simple de lignes et d'ornementation. La décoration du lit, de la commode et de l'armoire à glace de M. Roll est ingénieuse, d'un effet agréable. Des glaces , bordées d'une légère frise de cuivre doré , remplacent toutes les parties planes. Cela est joli , délicat, bien approprié aux allures modernes et sans coquetterie prétentieuse. Si nous ne nous trompons, M. Roll devra confectionner cet ameublement à plusieurs exemplaires ; nous n'avons pas la prétention d'être le successeur de Nostradamus ou de Mathieu Laensberg : il ne faut pas être sorcier pour faire de telles prédictions.

Parmi les ébénistes qui ont travaillé dans le sens populaire, nous trouvons encore :

1° M. MENCHEZ , rue de Charenton , n° 51 (N° **8890**) , qui a exposé un grand buffet-étagère en bois d'acajou , très-remarquablement exécuté dans le goût moderne dérivant de la renaissance , avec cartouches et têtes sculptées richement, morceau d'un travail précieux et dont on ne saurait trop louer l'extrême précision.

2° M. MOREL, rue du Faubourg Saint-Antoine, n° 58 (N° **1287**), qui nous montre un ameublement complet de chambre à coucher, plus une commode à étagère, avec miroir, le tout en bois de palissandre, très-propre et très-convenable, dans ce goût simple qui permet un usage journalier et accessible aux plus humbles.

3° Et enfin M. HUBEL, rue du Faubourg Saint-Antoine, n° 64 (N° **3811**), qui expose une série de meubles de commerce courant, en bois de palissandre, dans le genre moderne, avec quelques ornements empruntés, tout à tour, à la renaissance et à l'époque Louis XV. Nous avons remarqué, entre autres meubles de ce fabricant, une bibliothèque, un lit, une commode et une armoire à glace et une table, dans ce goût. Tout cela n'est point mal ; au point de vue de l'art, cela est sans grande valeur ; mais au point de vue commercial, c'est digne d'attention et d'intérêt.

Un sculpteur de Grenoble (Isère), M. PERROTIN (N° **3088**), n'a obtenu qu'un emplacement insuffisant pour exposer une belle façade de bois de lit, en noyer sculpté, qui méritait plus d'égards ; mais en revanche M. MARRIER DE BOIS D'HYVER, de Fontainebleau (N° **813**), a pu caser à l'aise ses feuilles de parquet en pin maritime, ses secrétaires, guéridons, tables de salon et à ouvrage, étagère et table de nuit, en genevrier et autres essences de bois, provenant de la forêt de Fontainebleau. Nous ne savons trop quel est le mérite de ces meubles ; s'ils figurent à l'Exposition à cause du bois employé, — et il n'y a point à hésiter à cet égard, — la tentative n'est pas heureuse. Ces bois ne sont point beaux. — Seront-ils solides, économiques ? nous l'ignorons. Ce que nous savons fort bien, c'est que les meubles sont fort médiocrement fabriqués. Si l'on doit en croire l'écriteau apposé sur l'un d'eux, ils auraient été confectionnés par M. A. DURAND, menuisier, *auteur de deux poëmes sur la forêt et sur le château de Fontainebleau.* L'histoire n'a pas constaté qu'Adam Billaut, le chansonnier de Nevers, fût un excellent ouvrier ; mais ses poésies ont survécu à ses planches rabotées. Les vers de M. Durand vivront-ils plus longtemps que ses meubles ? Nous n'avons pas dessiné les uns, mais nous pouvons donner un échantillon des autres :

> Soit qu'au trône élevé le monarque du jour
> Embrase de ses feux le terrestre séjour ;
> Soit que la lune, triste et nébuleux fantôme,
> Visite les sujets de son pâle royaume ;
> On aime à contempler tous ces grands végétaux ;
> Silencieux vieillards qui peuplent nos coteaux,
> Géants aux mille bras, dont la tête élancée
> Semble appeler au ciel les yeux et la pensée.
> Là se groupe le *houx* au feuillage épineux ;
> Là se courbe en serpent l'*érable* au tronc noueux ;

> Là brillent et le *hêtre*, aimé de la peinture,
> Et le haut *peuplier*, colonne de verdure,
> Et le *tremble* mouvant, et le *charme* si vert,
> ... mène, le *mélèze* et le *pin* du désert.
> Quelle variété ! quel brillant assemblage
> D'arbres et de rochers, de sables et d'ombrage !
> Avançons : ce sommet sauvage ou gracieux
> Aura d'autres tableaux pour notre âme et nos yeux.

Laissons M. Durand s'égarer dans sa belle forêt, et revenons-nous asseoir sur quelques beaux siéges de l'Exposition de l'Industrie, — sur ceux de M. Po-CHARD, rue Amelot, n° 26 (N° **3888**). Dans notre planche XVIII nous reproduisons : 1° une jolie console, imitation franche du genre Louis XV, en bois de palissandre, d'un joli caractère et d'une coupe hardie. Les sculptures sont riches et légères et d'un travail fort soigné ; 2° un fauteuil, en bois de palissandre, imité avec intelligence des meilleurs modèles du genre Louis XV ; et 3° un autre fauteuil dit *comfortable*, à bois recouvert par l'étoffe, avec pieds en bois de rose et avec légères appliques de cuivre doré, dans le goût Louis XVI. Ces deux siéges sont remarquables par leurs formes simples et élégantes, par leurs dossiers bien dessinés et ornés avec goût, et encore par la belle exécution. Si M. Pochard n'a point exposé une grande quantité de meubles et de siéges, au moins remplace-t-il la quantité par la qualité, — système de publicité qui en vaut bien un autre.

M. GAU, rue Neuve-Saint-Jean, n° 11 (N° **3816**), a exposé plusieurs siéges fort remarquables, parmi lesquels nous signalerons en première ligne un grand fauteuil sculpté, lourd, massif, dans le style de la renaissance, époque de Louis XIII, — imitation heureuse et bien sentie, œuvre d'art sérieuse, qui a toutes nos sympathies ; puis un fauteuil et une chaise de salon, en bois de palissandre, avec sculptures à fruits, dans le goût Louis XV, que nous avons dessinés tous deux planche XIX ; puis encore un fauteuil de chambre à coucher, dans le même goût, forme *gondole;* siéges fort bien traités sous tous les rapports ; enfin un fauteuil de voyage en bois de palissandre, dans le goût de la renaissance, orné de sculptures d'une délicatesse charmante, qui peut être renfermé facilement dans sa boîte et n'offrir que peu de poids et de surface, avantage qui sera certainement apprécié par nos élégants touristes. Ce fauteuil, dont M. Gau est l'inventeur, figure sur notre planche XIX ouvert et fermé ; en étudiant attentivement le dessin, on comprendra facilement l'ingénieux mécanisme trouvé par M. Gau, qui a exécuté encore un autre fauteuil dans le même système, mais beaucoup plus simple comme travail. Voilà un véritable service rendu aux habitués des bateaux à vapeur, qui ne manqueront pas de témoigner leur reconnaissance à l'inventeur.

Rien n'est plus gracieux et plus élégant que les meubles de salon exposés par M. Longuet, rue Amelot, n° 60 (N° 3823). Tous ces meubles sont en bois de palissandre, dans ce goût moitié rocaille, moitié italien, dont nous avons déjà parlé à l'occasion de M. Balny. Les formes sont amples, d'une coupe heureuse et d'une physionomie très-agréable. Nous avons dessiné (planche XXIV) 1° le canapé, dont le dossier est orné de trois médaillons ; celui du milieu est en largeur, et les deux autres en hauteur ; cet arrangement produit un excellent effet ; 2° une méridienne, ou chaise longue avec dossier à médaillon en hauteur, et une galerie à médaillon allongée d'une forme oblongue, ravissante de délicatesse. — Un fauteuil et une chaise dans le même goût complètent ce meuble de salon homogène. Ces siéges sont encore ornés de sculptures faites avec beaucoup de soin, de pureté et d'intelligence. Il sera très-facile de s'en convaincre en étudiant attentivement les détails des dessins que nous offrons à nos abonnés. — M. Long... a encore exposé un autre fauteuil, en bois de palissandre, genre rocaille, orné de fleurs coupées avec un grand art, et dont les accoudoirs nous semblent d'une forme très-avantageuse. Malgré les nombreuses sculptures qui enrichissent ces siéges, ils sont d'une élégante simplicité et font le plus grand honneur au talent bien connu de M. Longuet.

M. Sintz, rue des Tournelles, n° 47 (N° 3804), expose des siéges dont les modèles sont de sa composition. Il soumet pour la première fois ses produits à l'exposition publique. Cependant la réputation de M. Sintz est déjà solidement établie depuis longtemps. C'est à lui que les innombrables tapoteurs de pianos des deux sexes sont redevables des tabourets à balustres, si populaires dans les salons ; c'est lui qu'il faut remercier des tabourets de cabinet, se baissant à volonté, des chaises à écrans, des siéges mobiles, à sept dossiers de rechange et se renfermant dans l'épaisseur du siége ; c'est encore lui qui a remis en vogue le cannage en bois, en lui donnant une variété infinie, au moyen d'un nouveau système, pour lequel il a pris un brevet d'invention et de perfectionnement. Mais M. Sintz, jaloux de poursuivre sa série déjà si nombreuse d'innovations, a composé encore de nouveaux siéges fort ingénieux, dont nous devons donner le détail. D'abord : 1° un *tabouret de musique* à cul-de-lampe et à guirlande mobile, d'un joli goût, dont le siége est à deux fins ; l'un est natté (voir planche XXV) ; 2° une *chaise de piano*, avec casiers pour la musique, qui se divise en deux parties et n'occupe que la place d'un seu meuble ; 3° une *chaise de châlet*, en bois de charme, siége et dossier nattés en bois de houx, se pliant par un mouvement brisé et pouvant facilement se mettre sous le bras ; ce siége est élégant et d'une légèreté presque impossible ; 4° un *prie-Dieu*, en bois de palissandre, forme de *confessional*, selon M. Sintz, avec application de quatre espèces de nattages. Ce meuble extrêmement compliqué a besoin de d'être expliqué (voir planche **XXV**, où nous l'avons dessiné sous deux aspects différents). Ce prie-Dieu est combiné de telle façon qu'une personne, étant agenouillée, peut placer son livre d'heures sur un petit pupitre qui devient invisible à volonté, après avoir renfermé le livre dans une boîte à secret. Au moyen d'un autre secret, le dossier devient un siége, et un double dossier, garni en velours, sort de dessous la boîte qui contient le livre et remplace le dossier devenu siége et accompagné de deux colonnes mobiles, ce qui ajoute à l'agrément du meuble. 5° Une *chaise pliante* (planche **XXV**). M. Sintz garantit la solidité de ces divers objets ; il affirme que leur assemblage offre autant de résistance que le collage, et qu'il faudrait les casser pour les démonter, si l'on ne connaissait pas le système d'assemblage, combiné pour obvier aux accidents qui pourraient arriver. — Deux jolies chaises, en bois d'acajou, nattées en bois de citronnier, ont été acquises par S. M. la Reine, qui a témoigné à M. Sintz toute sa satisfaction à propos de ces siéges légers et charmants. Nous ne pouvons passer sous silence un petit siége de poche, dont M. Sintz a conçu l'idée pendant l'exposition, et qu'il a spirituellement baptisé du nom pittoresque de *hausse-curieux*. Avec ce meuble, on peut facilement se faire haut, de petit que l'on est ; au milieu de la foule, au passage du bœuf gras ou d'un cortége quelconque, on tire la chose de sa poche, on la deploie, et, malgré les tambours-majors et les panaches des chapeaux, on peut voir, à son aise et sans efforts, l'objet vers lequel tendent tous les regards.

Si les siéges de M. Sintz ne sont pas les plus éblouissants de l'Exposition, ils peuvent être rangés parmi les plus ingénieux, les plus nouveaux, les plus variés et les plus utiles. Nous engageons vivement ce fabricant à persévérer dans cette voie, qui doit le mener à la popularité.

M. Proeschel., boulevard Saint-Martin, n° 4 (N° **1991**), a construit des fauteuils mécaniques, propres aux malades et aux infirmes, qui se développent sans grands efforts sous les pieds, qui se divisent en deux parties pour les opérations chirurgicales, qui pivotent, qui tournent sur des roues avec une incroyable facilité. L'utilité de ces siéges n'a point préoccupé seulement M. Prœschel : il a aussi sacrifié à l'élégance, en les embellissant de façon qu'ils ne soient pas déplacés dans un appartement somptueux.

M. Bonnemain, rue de Surenne, n° 23 (N° **1273**), a fabriqué des fauteuils utiles aux personnes malades qui se rendent aux eaux. Ils servent à la fois de siéges ou de lits de repos, au moyen d'un mécanisme simple qui les développe instantanément. Ils peuvent être pliés et mis dans un sac, en ne présentant qu'un volume peu embarrassant. Leur prix n'est point très-élevé, puisqu'il varie de 95 fr. à 130 fr. ; ainsi ils remplissent toutes les conditions : utilité, solidité, bon marché. — Il faut encore féliciter M. Bonnemain d'un autre fauteuil d'appartement à compartiments, contenant bibliothèque, chaise percée et boîtes de toutes sortes, dans les côtés, dans les bras, dans le siége. Ce fauteuil peut être le *vade mecum* d'un malade, d'un impotent et, au besoin, d'un paresseux.

M. SAINT-UBÉRY, de Tarbes (Hautes-Pyrénées) (N° **1866**), expose un meuble de forme simple, servant à la fois de fauteuil, de chaise percée et de paravent; puis un autre meuble faisant l'office de prie-Dieu, de table, d'écran, et de chancelière. — L'utilité de ces meubles ne saute pas aux yeux, si nous pouvons parler ainsi. Ils sont plus ingénieux que nécessaires. Le tour de force du travail mérite plus d'attention que le but atteint.

Les lits doubles et les divans à lit de M. BAUDRY, avenue de Saint-Cloud, n° 10 (N° **3818**) sont au contraire d'une utilité incontestable pour les petits appartements de Paris et de la province. Chacun de ces lits tient la place d'un lit de garçon modeste ou d'un lit modeste de garçon, *ad libitum*, et contient, dans ses flancs, un ou deux autres lits garnis de matelas et de sommiers élastiques; — en moins de cinq minutes et au moyen d'une simple pression, on les fait manœuvrer sans inconvénients. On peut même les diviser, les séparer, emporter un des lits à la campagne, sans que, de cet accouchement, il résulte aucune avarie au lit principal. M. Baudry fabrique des commodes, des armoires, des banquettes à lits, par les mêmes procédés, pour lesquels il a pris un brevet qu'il exploite heureusement. En effet, rien n'est plus ingénieux, plus utile, plus commode que ces lits, qui, triples, ne reviennent pas même au prix d'un seul lit d'une médiocre élégance. Louons M. Baudry, et engageons-le à persévérer dans les améliorations qu'il a déjà apportées dans la confection de ces divans et de ces lits.

M. SIMÉON, rue Saint-Nicolas-Saint-Antoine, n° 6 (N° **2075**), expose aussi un canapé-divan à simple et à double lit, dans un système à peu près analogue à celui de M. Baudry. — C'est une bonne idée de chercher ainsi la commodité réunie à l'économie.

M. COUTANT, rue Jean-Beausire (N° **2085**), offre encore quelques modifications aux siéges élastiques et aux fauteuils mécaniques; mais celles apportées par M. NÈGRE, tapissier, rue d'Argenteuil, n° 12 (N° **3912**), nous paraissent les plus appréciables. La nouvelle garniture de siéges trouvée et appliquée par M. Nègre, égale, comme souplesse, le duvet le plus moelleux; elle est inaltérable et peut être adaptée aux meubles de toutes formes; convenable surtout pour les personnes délicates ou souffrantes, elle résiste assez, malgré sa faiblesse apparente, pour empêcher le poids du corps de faire sentir le fond du siége; elle n'échauffe pas et ne s'affaisse jamais, même après un long usage. Voilà des qualités précieuses, impayables, dont il faut savoir gré à M. Nègre. Ajoutons que la forme des siéges, ainsi garnis, est fort élégante et fort commode; si la qualification de comfortable, et non de confortable, n'était déjà plus sans valeur, tant on en a abusé, nous dirions que le fauteuil et la chaise établis par M. Nègre et que nous avons dessinés planche XXIX, sont extrêmement comfortables. Nous avons essayé en personne, la souplesse voluptueuse du procédé; on peut donc nous croire sur parole quand nous proclamons qu'il n'est rien de préférable, et que, si l'expérience vient confirmer les affirmations de M. Nègre, on abandonnera bien vite les siéges élastiques, mais durs, pour son imitation du duvet.

Cependant, ne blasphémons pas trop à propos des élastiques de fils de fer ou de laiton, car voici MM. LARIVIÈRE, LEGRAND et Cⁱᵉ, rue Barbette, nᵒ 14 (Nᵒ **3775**), qui se présentent avec un nouveau système de ressorts élastiques, plats, en acier trempé, propres à la confection des fonds et dossiers de chaises, tabourets, banquettes, et à toutes les garnitures de la carrosserie. — Ce système a, sur celui des ressorts en spirales, l'avantage de représenter une moins grande quantité de points de contact, de résumer la résistance au point seul qui subit une pression. Il nous semble aussi que la fabrication du siége, dépouillée de la combinaison des spirales de fer ou de laiton, est rendue plus facile. Au surplus, l'application de ce procédé, dans les hospices, dans les ambulances militaires et dans les entreprises de voitures publiques, témoigne assez qu'il est progressif, utile et d'un facile accès.

Passons en revue les quelques fabricants de découpures et de marqueteries qui figurent honorablement à l'Exposition.

M. CREMER, rue Lacasse, nᵒ 7, au coin de la rue Grange-aux-Belles, (Nᵒ **3673**), est auteur d'un beau meuble en marqueterie qui, cette fois, n'est pas, comme nous l'avons observé si souvent, une imitation, un calque d'un meuble d'une autre époque. Ce meuble est une création due entièrement à M. Cremer, qui a dessiné lui-même et l'ensemble et les détails. Nous appellerons cependant ce meuble un *cabinet*, selon l'acception consacrée; la masse est en bois d'ébène et les corniches, moulures et encadrements sont en bois de palissandre. — Il est d'une composition mezzanine; à droite, à gauche, deux grands panneaux, au milieu des tablettes, et une corniche rappelant quelque peu le style de la renaissance. — Les grands panneaux des portes et des côtés sont ornés d'incrustations en cuivre, étain, écaille et ivoire; les tiroirs, au nombre de quinze, sont incrustés d'ivoire sur corne de buffle. La frise de la partie inférieure est décorée d'incrustations tout à fait nouvelles. Le fond est en ivoire, incrusté de découpures en corne blonde et transparente, appliquées sur une couche de vert-mitis; cette décoration est d'un effet original et surprenant. On suppose les dessins gravés en creux, et cependant toutes ces incrustations sont lisses, polies et brillantes comme un miroir. Les deux portes de la partie supérieure sont surtout exécutées avec un soin tout particulier ; au centre apparaît le chiffre de S. A. R. M. le duc de Nemours, qui a apprécié dignement ce beau travail et en restera l'heureux possesseur.

Dans ce meuble d'un goût exquis, M. Cremer s'est plus attaché au détail des incrustations qu'au style général, aussi est-il arrivé à une rare perfection et à une variété étourdissante de motifs inconnus jusqu'ici. L'exposition de 1839 avait déjà établi sa réputation, et il n'est pas inutile de faire remarquer que, seul dans cette spécialité, il avait obtenu une médaille à la suite de cette exposition ; mais les progrès qu'il a faits depuis cette époque sont immenses, et le meuble dont nous parlons en est la plus grande preuve. C'est pourquoi nous ne doutons pas que de plus dignes honneurs ne viennent le récompenser, cette année, de ses efforts et de sa persévérance.

M. SEIDEL, rue des Gravilliers, n° 23 (N° **3616**), a exposé deux panneaux en marqueterie, genre Boule, avec écaille de l'Inde, et un dessus de table, genre antique, en bois de couleurs ; et M. MALLET, rue de Berry, n° 14 (N° **2336**), une table, une psyché et un nécessaire avec incrustations d'ivoire et cuivre, de nacre, d'un joli travail et d'un excellent goût. — M. BARBIER, rue d'Orléans, n° 13 (N° **1619**), des boîtes à châles, des caves à odeurs, des boîtes à jeux, en marqueteries. — M. BENGEL, rue Chapon, n° 19 (N° **3226**), des nécessaires, ornés de peintures. — M. ANNÉE, rue Chapon, n° 18 (N° **2092**), des nécessaires et de menus objets de marqueterie. Tous ces jolis travaux, intéressants, délicats, gracieux, sont extrêmement variés, et, par cela même, tellement difficiles à analyser, que nous devons nous contenter de les mentionner. — Citons encore les nécessaires, les trousses de voyage et autres petits meubles, en bois des îles, dans le genre de Boule, exposés par MM. BERTHET ET PERET, rue Montmorency, n° 13 (N° **2345**), et enfin l'exhibition nombreuse de M. VERVELLE, rue Neuve Montmorency, n° 1 (N° **2879**). Nous avons remarqué, parmi les divers objets exposés par ce fabricant, une corbeille de mariage, genre Boule, avec ornements en cuivre doré, et marqueteries ; un petit bureau étagère, style Louis XV, des boîtes à bijoux, à gants, à thé, etc., des nécessaires de voyage, des caves à liqueurs, des pupitres complets ; tous ces objets, parfaitement exécutés, témoignent en général des progrès que cette branche de l'ébénisterie a faits depuis cinq ans, et en particulier de ceux de M. Vervelle, qui a su réunir l'élégance à la modicité du prix.

N'oublions pas M. MIROUFFE, rue du Faubourg Saint-Antoine, n° 91 (N° **3701**), qui a exposé une grande quantité de petits meubles et d'étagères découpées à la mécanique. Nous avons dessiné, planche XXIX, deux de ces étagères qui donnent une idée exacte de la grâce et de la légèreté, de la délicatesse et du bon goût régnant dans tous les travaux de l'habile M. Mirouffe, qui ne connaît point de rivaux dans cette spécialité.

M. Osmont, boulevard Beaumarchais, n° 65 (N° 3885), et M. Mainfroy, rue du faubourg Saint-Martin, n° 70 (N° 3072), représentent honorablement la fabrication des meubles en laque, industrie qui a pris une certaine étendue et qui ne périclite pas entre les mains de ces persévérants industriels. Nous devons, toutefois, faire quelques réserves à propos de ces sortes de meubles. Pourquoi ne faire que des imitations ? Est-ce parce que la gomme laque est orginaire de l'Asie, qu'elle est en usage dans la Chine et dans l'Inde, qu'on ne l'emploie chez nous qu'à la décoration de meubles de façon chinoise ? Un meuble en laque, venant de la Chine, offre un intérêt de curiosité ; mais sous le rapport de l'art et du goût, rien n'est plus monstrueux, plus puéril et plus niais. Que dire d'un meuble chinois fait à Paris ? Si l'on veut que les progrès soient réels et vraiment à la hauteur du mouvement industriel, il ne faut pas se contenter de répéter des types qui révèlent l'enfance d'un art chez un peuple, il faut appliquer à des meubles, faits selon l'art contemporain, les procédés employés par les Chinois, puisque ces procédés sont bons.

M. Osmont expose des jardinières, des tables de guéridons, des tables à ouvrage, des paravents, des lits, des pianos, des chaises de plusieurs espèces, des panneaux pour décoration, de portes d'appartement, en bois revêtu de gomme laque, dans le goût chinois. Nous avons remarqué, comme des plus recommandables parmi ces meubles, un prie-Dieu et des chaises, dans le genre Boule, imitation d'écaille, avec un cannage en bois doré. Ces chaises sont jolies et d'une légèreté charmante. En général, tous les produits de M. Osmont sont fort soignés et d'une physionomie qui, pour être chinoise, n'en est pas moins agréable.

Les objets exposés par M. Mainfroy diffèrent peu de style ; c'est le même procédé, mais dont l'application est étendue à un plus grand nombre de menus articles. Ainsi, outre les meubles, tels que jardinières, guéridons, chaises, toilettes, écrans, chauffeuses, etc., etc., M. Mainfroy expose encore une grande quantité de plateaux en cuir bouilli, en tôle, des porte-carafes, porte-mouchettes, coulants de serviettes, corbeilles à pain, assiettes, boîtes à bonbons, tous objets d'un commerce journalier, d'un usage fréquent et à bon marché,

M. Dupont, rue Neuve-Saint-Augustin, n° 3 (N° 3556), M. Leonard, rue des Trois Couronnes, n° 30 (N° 2800), M. Bataille, rue de la Pépinière, n° 74 (N° 3003), et M. Lambert, rue du Buisson Saint-Louis, n° 16 (N° 3819), représentent l'industrie spéciale des meubles en fer et en fonte. Ils ont exposé une grande variété de meubles, tels que lits, divans, lits d'enfants, chaises de jardins, depuis les plus simples jusqu'aux plus riches de travail et d'ornementation. Nous aimons mieux les plus simples; en général, le fer et la fonte, quoi qu'on fasse, se prêteront difficilement à l'ampleur nécessaire d'une décoration d'appartement; ils sont plus convenablement placés dans les établissements publics et dans les jardins.

Il nous faut encore mentionner MM. LAHER et LEFEBURE, rue de Charenton, n° 85 (N° **3692**), qui ont exposé plusieurs espèces de pieds, tournés et cannelés mécaniquement, propres à l'ébénisterie. Leurs modèles sont très-variés.

Signalons encore les moulures diverses de M. JUNOD, rue Lesdiguières, n° 7 (N° **2459**), et les petits objets tournés et guillochés de M. BEAUMONT, rue Bourbon-Villeneuve, n° 56 (N° **3017**).

M. MORIZOT, boulevard Beaumarchais, n° 2 (N° **1295**), fabrique des moulures, pour les bâtiments, en sapin verni, des bâtons ronds, unis et à baguettes pour rideaux de lits et de croisées, des supports, des anneaux, des patères, des baldaquins, en bois sculpté et tourné, imitant les bois étrangers; c'est encore là une industrie utile et digne d'être signalée.

M. MICHNIEWITZ, rue du Faubourg Saint-Antoine, n° 75 (N° **3306**), a inventé une table, à coulisses pliantes, s'ouvrant par le milieu. Ce nouveau système nous a paru fort simple, très-ingénieux et bien supérieur à tout ce qui a été fait jusqu'à ce jour, notamment au système vulgaire des rallonges. M. Michniewitz peut exécuter, par ce moyen, des tables contenant jusqu'à cinquante couverts. Il ne manque à son invention que la publicité pour devenir immédiatement populaire.

M. GERBIER, d'Arpajon (Seine-et-Oise) (N° **1097**), expose un guéridon servant aussi de rouet. Ce petit meuble est ingénieusement construit.

Un peintre décorateur, M. BIGNON, rue de Bellefonds, n° 15 (N° **3259**), a exposé plusieurs panneaux, contenant toutes sortes d'échantillons de peintures imitant les marbres, les bois indigènes et exotiques. Ce sont des trompe-l'œil qui ont dû tromper des yeux moins exercés que les nôtres. Grands éloges à M. Bignon, qui applique si bien l'art dans l'industrie.

Les fabricants de billards sont en nombre suffisant à l'Exposition de 1844. Nous avons peu de progrès réels à constater, à moins qu'il ne faille admettre, comme progrès, l'invention du billard rond par M. MORENAS, rue du Petit-Thouars, n° 22 (N° **1732**). Mais, outre que le billard, ainsi reformé, n'occupe pas moins de place dans un appartement ou dans un café que le billard ordinaire, il n'est, — de l'avis des amateurs expérimentés et compétents dont nous avons réclamé les observations, attendu notre profonde ignorance de la matière, — en aucune façon progressif; les combinaisons du jeu sont moins attrayantes, la forme circulaire est fatigante pour les évolutions, enfin cette innovation reste sans succès.

Le billard le plus riche et qui produit le plus d'effet, sous le rapport de l'ébénisterie, est celui de M. COSSON, rue Grange-aux-Belles, n° 20 bis (N° **1788**). Le style adopté est celui de la renaissance, mais arrangé selon ce qu'il nous faut bien appeler le goût moderne; des milliers de motifs en cuivre sont appliqués de toutes parts et donnent une physionomie brillante à ce meuble, supporté par de doubles pieds, décorés de figures exécutées avec beaucoup de talent. M. Cosson a exposé encore un autre billard, en bois de chêne, à pieds torses, d'une simplicité qui nous est très-sympathique.

M. BOUHARDET, rue de Bondy, n° 66 (N° **1879**), peut revendiquer un des premiers rangs parmi les fabricants de la spécialité. Outre que les amateurs reconnaissent les qualités supérieures, comme précision et exécution, ils admirent encore l'excellence architectonique des billards construits par M. Bouhardet. Ce fabricant en a exposé deux, remarquables à des titres divers; le plus important est en bois de noyer et d'acajou, dans le goût de la renaissance, avec de nombreux cartouches et ornements empruntés à ce style. Ces ornements sont peut-être répandus en trop grande quantité; mais c'est un embellissement qui peut sourire à tant de personnes que nous ne nous sentons pas le courage d'insister sur leur superfluité. Nous préférons de beaucoup l'autre billard, en bois de chêne, avec des volutes aux angles et des enroulements, dans le goût de la renaissance, et supporté par de gros enfants, analogues à ceux que Bouchardon a semés dans le parc de Versailles.

MM. GUILELOUVETTE et THOMERET, rue des Marais, n° 47 (N° **3814**), successeurs et élèves de M. Chéreau et héritiers de son antique réputation, ont exposé un magnifique billard, en bois d'acajou moucheté, d'une forme extrêmement simple et par cela même des plus convenables; la table est en fer fondu, innovation dont ces fabricants réclament le bénéfice. Nous avons dessiné, planche XXX, le billard de MM. Guilelouvette et Thomeret, comme un de plus beaux types dans ce genre.

M. FOURNERET, rue Bourbon-Villeneuve, n° 43 (N° **3636**), expose un billard, en bois de l'île d'Amboine, avec oves et moulures en palissandre, orné de filets en étain; il est d'assez bon goût. M. MARCHAL, rue du Bac, n° 102 (N° **2343**), a été moins heureux; son billard, en bois de palissandre, est d'une forme que nous ne saurions approuver; les pieds ressemblent, à s'y méprendre, aux lanternes des rues. Au contraire, celui de M. LABURTHE, faubourg Saint-Denis, n° 14 (N° **1730**), mérite une appréciation plus favorable; il est en chêne, avec des rinceaux courants au long des bandes extérieures; mais, malheureusement, les pieds sont quelque peu lourds et trapus; la table est en ardoise. — M. BARTHELEMY, petite rue Saint-Pierre, n° 14 (N° **3809**), au moyen de semblables tables en ardoise, qu'il qualifie indéviables, affirme que ses billards une fois placés ne varient point, quelle que soit la température ; il ajoute que la chose est *prouvée par les amateurs de ce noble jeu* (sic). Nous n'avons pas de peine à le croire, et nous laisserons à M. Barthelemy la garantie de son affirmation. — MM. MARTINET FRÈRES, rue du Grand-Hurleur, n° 4 (N° **1731**), ont inventé les billards à bandes élastiques, qu'ils déclarent supérieures aux bandes ordinaires ; c'est encore une affirmation que nous renverrons aux amateurs expérimentés. MM. Martinet frères confectionnent spécialement les queues et les ardoises de billards. — Le billard en palissandre, exposé par M. PLENEL, boulevard Saint-Martin, n° 8 (N° **1733**), est d'une forme simple, assez convenable, quoique un peu lourde. — Nous ne comprenons guère l'avantage qui résulte d'un billard en fonte de fer, exposé par M. SAURAUX, rue du Faubourg-du-Temple, n° 21 (N° **1734**), bien qu'il ne pèse que 1050 kilogrammes, y compris la table de pierre, — poids qui, nous le croyons, doit être bien supérieur à celui des billards ordinaires. — S'il n'est point d'un prix extrêmement inférieur à ceux des mêmes meubles, construits en bois, il ne mérite pas une attention bien sérieuse ; les ornements sont lourds, et il pouvait en être tout autrement. — MM. BÉNARD FRÈRES, de Tours (Indre-et-Loire), ont exposé, sous le N° **890**, un billard en bois d'ébène, avec ornements de cuivre, moulures guillochées, panneaux incrustés de nacre, de cuivre et d'écaille, avec des écussons représentant des rois et des reines de France. Malgré ces détails difficiles, et peut-être à cause de cette exubérance d'ornementation, ce billard est de mauvais goût, lourd et d'un aspect qui n'a rien d'agréable ; le détail absorbe la masse. — Nous ferons les mêmes observations à propos du billard exposé par M. GODIN, de Rouen (N° **3136**) ; il a bien cherché la simplicité, mais il n'a pas su trouver l'élégance.

Nous aurions dû commencer par les parquets, qui forment naturellement la base de l'édifice que nous construisons ; nous n'avons fait qu'effleurer cette branche de l'industrie, à propos de M. MARCELIN, dont les travaux, si intéressants, priment ceux de tous les autres fabricants, et encore avons-nous oublié, dans le compte rendu que nous avons fait de sa fabrication, un joli meuble d'appui ou bahut en ébène incrusté de cuivre, d'étain et d'ivoire (et non pas de verre de couleur, comme nous l'avons écrit par erreur), morceau précieux, s'il en fût, d'une précision sans égale et d'un goût ravissant. — Pour n'être pas injuste, il nous faut aussi rendre hommage aux nouveaux procédés de fabrication employés par M. SIMON LINSLER, rue Neuve-Chabrol, n° 17 (N° **1738**). Au moyen d'assemblages à rainures et à languettes, prises mécaniquement dans la masse du bois, M. Linsler obtient des parquets très-solides, durables et d'un bel aspect. Ce système, outre le mérite du bon marché, permet de resserrer les différentes pièces du parquet, quand le bois travaille ; la pose de ces parquets se fait facilement, promptement et sans clouage, avantage qui assure à ce nouveau système un grand succès. — Les parquets de M. NOYON, petite rue Saint-Pierre-Amelot, n° 16 (N° **1737**), ajustés à quatre épaisseurs, ne pouvant se disjoindre ni s'élever par suite des renflements du bois, offrent aussi de bonnes conditions d'économie et de solidité; d'économie, puisque ce fabricant peut livrer ses parquets ainsi confectionnés depuis 7 fr. jusqu'à 50 fr. le mètre. — Citons encore les très-beaux parquets de M. MAZEROLLES, rue Neuve-Saint-Denis, 21 (N° **2059**), ceux de M. KURTZ, rue du Faubourg-Saint-Antoine, n° 57 (N° **1255**), extrêmement remarquables par le goût, l'élégance et la précision de leurs mosaïques, et enfin ceux de M. FRANÇOIS LAURENT, rue de Ménilmontant, n° 86 (N° **2040**), qui expose aussi une grande quantité de cadres dorés et en divers bois sculptés et marquetés. — M. HUBERT, au Mans (Sarthe) (N° **659**), a exposé une magnifique rosace pour parquet, imitant celles des cathédrales, — mosaïque d'un assez bon goût et qui témoigne de la patience du fabricant et des études sérieuses qui se font dans quelques provinces, notamment dans la ville qu'habite M. Hubert, ville qui cherche à faire oublier, par des travaux archéologiques, la bouffonne célébrité de ses chapons. — N'oublions pas de signaler encore M. BODSON, rue du Temple, n° 54 (N° **3318**), dont le talent de marqueteur ne tend rien moins qu'à copier, en bois, les tableaux flamands les plus délicats de touche et les plus harmonieux d'effets.

Notre longue pérégrination dans toutes les profondeurs de la galerie du Nord est terminée. Dans ce voyage difficile, nous avons suivi, pas à pas, les méandres capricieux du fleuve industriel, bordé de meubles, de siéges de toute espèce et ombragé de festons de cuivre et de bois dorés; nous avons interrogé chaque objet, nous l'avons envisagé sous toutes ses faces, et de cette inspection résulte le procès-verbal qui précède. Notre tâche était ardue, et notre plume, inhabile, s'est plus d'une fois arrêtée, en sentant son insuffisance à décrire des choses que le crayon seul peut traduire. Puis, il faut le dire, — et cet obstacle n'est pas le moindre, — la langue française, pauvre au dire des poëtes, est tout à fait misérable pour parler le langage industriel; mille choses existent sans noms; le même mot désigne vingt objets différents. Que faire en présence de cette pénurie? Employer de lourdes circonlocutions pour aboutir à un néologisme, noyer dans des flots d'encre un trait expressif, ou bien accepter l'argot familier à chaque art, à chaque industrie, à chaque métier. — Deux écueils que nous ne pouvions éviter. — Nous ne savons rien de plus odieux que les pédants, obèses à force de dévorer la grammaire et d'alambiquer les rudiments; ce sont les fanatiques de la langue, et leur folie, bien que peu dangereuse, est la plus maussade de toutes les folies; mais, hélas! quoi de plus déplorable que ces idiomes, que ces dialectes, plus pittoresques que raisonnés, qui se forment et se propagent, chaque jour, dans les catégories diverses de la société moderne? **La diplomatie, le parlement, la magistrature, la peinture, la sculpture, le théâtre, le commerce, l'industrie**, dans leurs subdivisions infinies, **ont un argot spécial**, connu d'un certain nombre, et ignoré en dehors de **chaque corporation.** — En lisant maints écrits périodiques, les réclames, les **annonces et quelques correspondances publiques**, on peut se demander s'il est **vrai qu'il existe une** ACADÉMIE FRANÇAISE, chargée de la conservation de la langue, et des colléges et écoles, pourvus de professeurs, pour enseigner cette langue. M. de Vaugelas en mourrait de honte! Est-il bien vrai que Chateaubriand, Nodier, Hugo, Lamartine et de Vigny soient nos contemporains? — Rabelais, âgé de trois cents ans, est moins obscur que certains pathos à la mode. Dans quel lexique nos bons neveux trouveront-ils les racines de tous ces mots monstrueux, inventés par le délire et la folie? comment pourront-ils comprendre notre littérature de carrefour et d'estaminet, quand les étrangers, qui n'ont appris la langue française que dans les beaux livres classiques du XVIIe et du XVIIIe siècle, ne peuvent déjà plus deviner les *finesses* nouvelles de notre langage usuel? Décadence déplorable!

Mais laissons là ces aberrations que nous ne sommes pas seul à déplorer; entrons à pleines voiles dans l'océan de la fantaisie. Là-bas, dans les autres galeries, l'Orient se révèle à nous. Ce ne sont que festons, ce ne sont qu'astragales! — Oh! comment rassembler, résumer toutes ces merveilles de l'art industriel? Nous ne voyons qu'un moyen; c'est de suivre l'ordre adopté par les architectes et les décorateurs des maisons; c'est de commencer par le commencement.

D'abord, fermons les fenêtres de nos appartements avec les vitraux blancs ou coloriés, des fabriques de Choisy-le-Roy, si bien dirigées par MM. BONTEMPS, LEMOYNE ET Cie (N° **1338**). Voilà des verreries magnifiques qui deviendront aussi populaires que celles de la Bohême; elles n'ont que le tort d'être françaises, ce qui, aux yeux de certaines gens que nous avons qualifiés déjà, est une condition absolue d'infériorité. Les vitraux exposés par cette belle fabrique sont tous destinés à des édifices religieux; mais ils sont encore loin de rappeler l'admirable harmonie et la transparence des belles verrières des XVe et XVIe siècles. Certaines couleurs semblent tout à fait perdues; nous ne retrouvons plus ce jaune brillant, éclatant comme l'or; les rouges sont crus et lourds, et le bleu, si tendre et si céleste des anciens vitraux, paraît emprunté à cette horrible couleur qu'on appelle le bleu de Prusse. Le panneau principal, dû à la fabrique de Choisy-le-Roy, représente un gigantesque saint Jacques, habillé d'une sorte de dalmatique verte, dans le style du XVe siècle; mais cette figure est trop courte, d'un dessin tourmenté et sans caractère. Les autres panneaux, imités du XIIIe siècle, sont formés de tons inharmoniques, rouge, bleu et jaune.

Bien supérieurs comme imitation, les vitraux de la manufacture de M. LUS-
SON, à Sainte-Croix (Sarthe) (N° **657**), sont d'un aspect froid qui témoigne
assez qu'on peut s'approprier les procédés, mais non le génie des naïfs artistes
de notre ère gothique. Cependant M. Lusson est peut-être le seul qui ait fouillé
avec conscience les secrets de ces vieux peintres verriers et qui les ait le plus
intelligemment remis en lumière. Le panneau contenant la vie de la Vierge est
une louable imitation du XIII° siècle, et celui qui représente saint Louis a bien
le caractère des vitraux du XIV° siècle. Ce n'est point à l'industrie qu'il faut s'en
prendre si ces vitraux peints sont encore si loin de ceux que nous a légués le
moyen âge ; c'est aux artistes, chargés de les dessiner et de les colorier, qui
ont beau compulser les missels à figures et les fragments encore debout dans
nos cathédrales, copier, tant bien que mal, un air de tête, le jet d'une drape-
rie, les lignes perspectives des fonds, ils n'arrivent à faire que de maladroits
poncifs. C'est, hélas! que la foi est absente et aussi le talent.

Les vitraux de MM. CHATEL et FIALEIX, au Mans (N° **656**), sont colorés
avec plus de puissance et d'énergie, mais ils sont moins bien dessinés. Ils sont
tous religieux. — Ceux de MM. LAURENT ET Cie, rue Neuve-Ménilmontant,
n° 15 (N° **2503**), représentant sainte Catherine et deux saintes, sont lourds
et sans physionomie. — L'évêque du XIII° siècle exposé par M. LEMAIRE, rue
du Dragon, n° 10 (N° **2976**), outre qu'il est fort mal composé et plus mal
dessiné encore, est d'un ton terreux, bistré. — Nous n'aurons que des éloges
pour MM. KARL HAUDER et ANDRÉ, rue des Amandiers-Popincourt, n° 40 bis
(N° **2443**). Ces habiles industriels exposent : 1° trois fenêtres complètes, dans
le style du XIII° siècle, faisant partie d'une collection plus nombreuse destinée
à une chapelle mortuaire ; 2° un panneau restauré d'un vitrail du XVI° siècle,
pour la cathédrale de Rouen ; la suture du travail moderne avec le travail ancien
est presque imperceptible ; 3° une fenêtre composée de quatre écussons armoriés ; 4° et une collection de médailles, de peintures vitrifiées en grisailles
propres à la décoration des fenêtres d'appartement. La présence de ces pintures
à l'Exposition répond à une observation que nous proposions de faire, à propos
de l'application des vitraux peints aux fenêtres des demeures modernes. Qu'on
ne vienne pas nous objecter qu'il faut de la clarté dans les appartements, et que
ces vitraux colorés l'intercepteraient. De suite nous répondrons que l'art du
tapissier semble, de nos jours, n'avoir pour but que de rétrécir, de plus en plus,
le mince espace réservé à la lumière dans nos chambres, hautes de quatre à
cinq coudées, et cela de telle façon, qu'il est permis de dire, sans hyperbole,
que le soleil n'existe pas pour les habitants des grandes villes. Et ce peu de
jour, cet imperceptible filet de lumière qu'on laisse filtrer au travers de quatre
ou cinq couches de rideaux, d'étoffes lourdes et impénétrables, est gris, nébu-

leux, au beau milieu de l'été, comme un rayon de soleil par un ciel de décembre. Pour chasser cette obscurité monotone et triste, que n'applique-t-on, à l'intérieur des fenêtres, des panneaux de verre colorié? Au lieu de saintes boudeuses et d'évêques ennuyés, peignez des Amours souriants, se jouant au sein des fleurs et des fruits. Pourquoi ne placerait-on pas dans ces panneaux, richement décorés, des portraits de famille, des vues de villes, de châteaux, des paysages ; cela vaudrait bien, comme perspective et comme distraction, les échecs de tôle et de terre cuite, placés sur les toits et les fenêtres des greniers, qui, — bien qu'en ait dit le poëte, — sont de tristes séjours, même à vingt ans. Mais ce que nous demandons là, c'est le triomphe de l'art partout et sur tout, et l'art, hélas ! n'est qu'un pauvre mendiant pour lequel notre époque n'a que dédain et pitié.

Décorons maintenant nos murailles qui sont restées nues.

Nous n'avons que l'embarras du choix. Demanderons-nous à MM. STANIS-LAS LAPEYRE ET Cie, rue de Beauveau-Saint-Antoine, n° 10 (N° **1959**), son beau décor de salon? Oui, certes; car pour placer les jolis fauteuils de M. Luet, il nous faut un papier de tenture approprié au genre Louis XV, et celui de M. Lapeyre rappelle ce genre avec un bonheur au-dessus de tout éloge. Vous n'imagineriez rien de plus élégant, de plus riche et d'un goût plus choisi que ces Amours lutinés, ces vases dorés et émaillés de mille fleurs. C'est qu'aussi M. Stanislas Lapeyre est le chef actuel d'une famille célèbre dans l'art de composer les papiers peints ; c'est que vingt années d'un labeur soutenu lui ont appris toutes les ressources de cet art spécial, et qu'à l'intelligence de l'industriel il réunit le talent d'un artiste éprouvé et sûr de ses effets. On sent bien qu'un homme de goût préside à tous les travaux de cette fabrique, et l'on ne peut que louer les lambrequins, les panneaux veloutés ou imitant la tapisserie, qui conservent à la maison Lapeyre et Cie un des premiers rangs, le premier peut-être, dans la fabrication des papiers peints de toute espèce.

Nous pourrons prendre, chez M. DÉLICOURT, rue de Charenton, n° 125 ter (N° **1874**), des papiers de tentures, avec fleurs légères, de grands panneaux, fonds lilas à arabesques d'or, ou fond vert et rouge et or. Rien n'est plus convenable et d'un meilleur goût. Nous rendrons aussi hommage à sa décoration de salon, dont le fond, d'une couleur bleue très-tendre, est richement encadré d'ornements imitant le bois doré. Il n'est rien de mieux exécuté que sa corniche saillante et la grande frise blanche, sculptée comme le marbre, qui règnent dans toute la partie supérieure de ce beau décor. — M. Délicourt expose aussi des devants de cheminée, d'une exécution si soignée, qu'elle rappelle, à s'y méprendre, les tons moelleux des gravures à l'aqua tinta de Reynolds.

MM. MADER FRÈRES, rue de Montreuil, n° 1 (N° **1957**), nous fourniront des panneaux de salle à manger, dans le style de la renaissance, ou bien une décoration, pour un salon de musique, dont les neuf muses forment le plus bel ornement. Les papiers de cette fabrique sont très-recommandables, et nous ne saurions trop les recommander.

Quoi de plus riche et de plus sévère que les beaux papiers peints, dorés et veloutés de M. MARGUERIE, rue Ménilmontant, n° 79 (N° **1938**) ? Voici du brocart cramoisi doré, du vert émeraude dans le genre **Louis XIII**; des nielles fond bleu d'outremer, velouté, corinthe et argent; des damas jaune, moiré, velouté et argent; des damas blancs, cannelés en or, des papiers imitant la toile de Perse. Tout cela est fait pour accompagner les résurrections des styles anciens. Les plus beaux de ces papiers sont d'admirables repoussoirs pour les meubles sévères de MM. Grohé et Fourdinois.

M. BRIÈRE, rue Saint-Bernard, n° 26 (N° **1953**), expose des papiers veloutés, à grands dessins, dans le genre Louis XV. Ces dessins, un à fond vert velouté surtout, sont largement tracés; puis une décoration de salon dans le goût moderne, très-légère, très-suave; et enfin de nombreux échantillons de papiers de commerce courant, dont cette fabrique semble faire sa spécialité. M. SEVESTRE FILS ET Cie, rue de Montreuil, n° 69 (N° **1951**), offrent, outre de jolis lambrequins, une grande variété de papiers veloutés et autres pour les appartements modestes. — MM. EBERT et BUFFARD, rue du Faubourg-Saint-Antoine, n° 297 (N° **3828**), fabriquent aussi de jolis papiers, composés dans le goût moderne; ainsi que M. GENOUX, rue des Vignes-Saint-Marcel, n° 8 (N° **3826**), qui expose des lambrequins et des encadrements très-variés. — Les tentures de MM. RUPP, RUBIE ET Cie, rue de Beauveau, n° 4 (N° **1947**), sont d'une beauté incontestable; nous louerons surtout une décoration dans la style de la renaissance, d'un effet vraiment admirable. — M. PROT, rue Pavée, n° 24, au Marais (N° **1954**), exploite la spécialité des devants de cheminées lithographiés. Ce genre de travail peut être livré à bon marché, mais, en général, il n'est pas très-recommandable.

La province fait une rude concurrence aux fabriques parisiennes, mais dans les papiers inférieurs seulement. Elle est encore en arrière pour le goût, pour la science du dessin. On sent l'absence de bons modèles. Nous devons mentionner, parmi les plus actifs des fabricants provinciaux, MM. PIGNET JEUNE, FILS, ET PALIARD, à Saint-Genis-Laval (Rhône) (N° **1458**), dont les produits sont généralement médiocres, et MM. ZUBER ET Cie, à Rixheim (Haut-Rhin) (N° **456**). Cette dernière fabrique est une des plus considérables de la France, et son contingent est énorme. Elle expose de ravissantes tentures pour salons d'été, des paysages indiens, des décors dans le goût chinois, et de nombreux échantillons de papiers peints et veloutés, depuis les plus riches jusqu'aux plus simples.

La maison BARBEDIENNE, boulevard Poissonnière, n° 30 (N° **1937**), soutient sa haute réputation par l'exposition de dessins pour les papiers peints. — Il nous faut encore citer les noms de M. KNAB, rue de Vendôme, n° 11 ter (N° **1949**), de M. VALANT, rue Mazarine, n° 13 (N° **1956**), de M. BOUQUET, rue de Charenton, n° 188 (N° **1959**), de MM. DUMAS ET Cie, rue de Reuilly, n° 35 (N° **1960**), qui ont tous exposé de nombreux échantillons de papiers peints, dans tous les genres, mais dont le détail nous entraînerait trop loin.

Une innovation de M. LASNE, cité d'Orléans, n° 1 (N° **1952**), ouvre de nouvelles perspectives à la fabrication des papiers peints. Nous voulons parler de son papier émail, fond luisant, couvert d'arabesques mates et veloutées, d'un effet charmant et inconnu. Ce nouveau papier, collé par bandes sur des panneaux, donne de très-beaux repoussoirs de salons. — Ce système est aussi employé pour les décorations mobiles en cuirs et toiles vernis de M. MICOUD, rue de Meaux, n° 12 (N° **2400**), qui a exposé un salon Louis XV, peint sur toile et qui peut se déployer, comme un paravent, sur les murailles. L'application de la peinture aux cuirs et aux toiles vernis remplit les conditions nécessaires de solidité et d'économie. — N'oublions pas les toiles et percales cirées, pour tapis de pied et de salle à manger, de M. SEIB, de Strasbourg (N° **282**), ni ceux de MM. LABEY et LEMAIRE, place du Caire, n° 2 (N° **2457**).

L'industrie des papiers peints est toujours prospère, et elle doit l'être longtemps encore; c'est elle qui fournit les décorations intérieures les plus économiques et les plus populaires. Mais, pour les demeures somptueuses, elle doit redouter la concurrence active que lui fera, désormais, une industrie, presque nouvelle, celle des étoffes d'ameublement et de tenture. Quoi qu'on fasse, le papier peint, si surchargé qu'il soit d'ornements, d'or et de draperies, sera toujours d'un effet mesquin et ne dissimulera pas la nudité de nos murailles. Les étoffes, au contraire, amènent à la fois la chaleur, le silence, la richesse et la gaieté. C'est toute une révolution, dans le bien-être de l'intérieur, que l'usage des tapis, des portières, des étoffes, longtemps dédaignés comme de coûteuses superfluités, et maintenant reconnus nécessaires.

La fabrication des tapisseries fait chaque jour d'énormes progrès; outre qu'elle assortit mieux les couleurs, qu'elle donne aux dessins plus d'ampleur et de tournure, elle se préoccupe davantage de la popularisation des tapis, en tâchant d'en rendre les prix accessibles à toutes les classes de la société. Toutefois, nous voyons avec quelque peine que tous les manufacturiers n'étendent pas avec le même soin l'usage des moquettes si chaudes et assurément plus sympathiques aux pieds que tous les gazons de Mme Deshoulières et du chevalier de Florian. Le tapis ras peut être plus beau, plus solide, mais il comporte moins de jouissances; il étouffe le bruit des pas, mais il est sec et dissimule à peine l'âpreté des parquets. M. SALLANDROUZE AÎNÉ (Jean-Jacques), d'Aubusson

(Creuse) (N° **252**), est peut-être le seul qui ait accordé à cette fabrication tous les soins qu'elle réclame. Ses dessins ne sont ni beaux ni originaux ; les couleurs employées ne sont ni franches ni jolies ; mais ses tapis sont bons, moelleux, bien épais, bien fournis ; on peut engloutir ses pantoufles dans leur haute végétation de laine. C'est un mérite qui en vaut un autre ; bien plus, c'est la qualité absolue. — M. ALEXIS SALLANDROUZE, d'Aubusson (N° **251**), sacrifie, au contraire, au luxe le plus effréné, et nous ne pouvons lui en faire un reproche ; car il est impossible de porter plus loin la science de la couleur et de l'harmonie. Son grand tapis indien est le morceau capital de l'Exposition, au point de vue de l'art ; on le croirait l'œuvre d'un grand peintre. Sur un ciel qui rêvet, depuis l'horizon jusqu'au zénith, les teintes les plus chaudes et l'azur le plus intense, apparaît un éléphant, richement enharnaché d'un caparaçon indou, sur lequel s'élève un palanquin fantastique ; une jeune femme dort à l'ombre des courtines ; des palmiers aux larges feuilles, des aloès, des cactus, des oiseaux de paradis se jouent dans un cadre persan d'une richesse de détails admirable. Les couleurs sont vraies comme celles d'une palette, les nuances sont savamment étudiées ; mais il existe une tache dans cette merveilleuse tapisserie ; dans les encadrements supérieurs sont pratiquées deux fenêtres mauresques, ornées de rideaux, formant tente avancée. Rien n'est plus déplacé. C'est impossible et mesquin. Mais à part cette faute contre le goût et contre la science, ce tapis est une des plus belles choses produites par les manufactures françaises.

Le nom de SALLANDROUZE est intimement lié à l'histoire des tapisseries. Voici encore M. SALLANDROUZE, rue Taitbout, n° 15 (N° **2588**), qui expose des tapisseries recommandables et des tapis veloutés, et M. SALLANDROUZE Jᵉ, d'Aubusson (N° **3076**), qui expose des dessins variés de tapis ; puis M. SALLANDROUZE LAMORNAIX, boulevard Poissonnière, n° 23 (N° **2587**), à qui l'on doit d'abord un tapis à fleurs d'un goût très-sage, mais peu original, et le grand tapis et les portières du salon du Roi, à l'hôtel de ville. Cette décoration est d'une grande importance, mais elle est d'un goût qui ne répond pas à ses vastes proportions. Il faut bien le dire, les couleurs de notre drapeau national sont de nobles couleurs quand elles flottent majestueusement à la tête d'un bataillon de soldats, ou qu'elles pavoisent des tentes guerrières ; mais elles sont crues, dures et sans harmonie dans les décors d'intérieurs. Il était impossible à M. Sallandrouze Lamornaix d'éviter l'emploi absolu des trois couleurs dans ce travail, destiné à un salon spécial. C'est pourquoi nous ne lui reprocherons pas trop la crudité, le papillotage de tons de ses tapisseries municipales. A cette énorme tenture nous préférons de beaucoup ses descentes de lit, ses tapis de commerce, qui sont les plus beaux et les moins chers. M. Sallandrouze Lamornaix expose encore des tapis en feutre imprimé, imitation de la Savonnerie, pour tentures, meubles, etc.

Aubusson est encore représentée par MM. DEMI-DOINEAU ET Cᵉ (Nᵒ **3074**), DEMY-DOINAUD (Nᵒ **249**), CASTEL (Nᵒ **3075**), TABARD AÎNÉ (Nᵒ **3078**), BELLAT AÎNÉ (Nᵒ **3077**), LANGLADE (Nᵒ **3079**). Nous pensons que MM. DEMY-DOINEAU ET Cᵉ, rue Vivienne, nᵒ 16 (Nᵒ **3487**), sont les mêmes industriels qui fabriquent à Aubusson et débitent à Paris. C'est pourquoi nous réunirons, comme provenant de la même maison, les beaux tapis genre Louis XV et genre moderne et les tapisseries mêlées d'or, pour fauteuils, tables et chaises, imitant les vieilles tapisseries, qui figurent sous le nom de MM. Demy-Doineau. Toute cette collection est fraîche et d'un goût ravissant. — Les dessins de M. Bellat aîné sont légers, mais minces et d'une délicatesse trop subtile.

Les fabriques d'Amiens et de Nismes luttent, parfois heureusement, contre celles d'Aubusson. MM. VAYSON ET Cᵉ (Nᵒ **3937**) sont les capitaines de la petite cohorte picarde. Ils exposent de nombreuses pièces de tapis de toutes espèces, et entre autres un grand tapis à fond blanc et saumon, à feuillages verts et à fleurs rouges, magnifique de dessin, admirable de richesse et d'harmonie. — Nous aimons fort le tapis genre perse et l'autre tapis, à feuillages enlaçant des ruines, de MM. BARBAZA ET Cᵉ, de Belloy-sur-Somme (Nᵒ **1805**), les imitations de peaux de tigres en velours, qui tromperaient l'œil et la main si les têtes étaient en relief, de M. BERLY, d'Amiens (Nᵒ **1804**), et les tapis, genre cachemire ou genre persan et indien, de MM. HENRY LAURENT ET FILS, d'Amiens (Nᵒ **1803**).

Nismes est représentée par MM. FLAISSIER FRÈRES (Nᵒ **741**), COULET (Nᵒ **742**), RÉDARÉS FRÈRES (Nᵒ **757**), LECUN ET Cᵉ (Nᵒ **770**), LAVAL ET SAUREL (Nᵒ **755**). Les tapis et portières de MM. Flaissier, dont les dessins sont tous empruntés au règne végétal, sont d'un effet tendre et harmonieux; ils sont bien supérieurs, comme goût et comme composition, à ceux de MM. Rédarés et Lecun, qui travaillent spécialement pour la consommation vulgaire et qui ne visent qu'au bon marché.

Tous ces tapis neufs, si brillants, si frais, si suaves, seront maculés bientôt; mais par un procédé ingénieux, ils pourront reprendre leur éclat primitif. — C'est un véritable service que M. DENNEBECQ, rue Saint-Nicolas-d'Antin, nᵒ 66 (Nᵒ **3489**), rend aux amateurs de vieilles tapisseries, comme aux gens économes qui tiennent à conserver les nouvelles déjà détériorées. C'est une bonne fortune pour tout le monde.

Voici une nouvelle industrie appelée à un grand succès, — nous le croyons du moins, en ne nous attachant qu'aux résultats apparents. Nous voulons parler des draps feutrés, pour tapis, meubles, tentures et portières, de M. DEPOULLY

GONIN, rue du Faubourg-Poissonnière, n° 5 (N° **2493**). Ces feutres, dont les plus fins égalent en souplesse les plus légers draps d'Elbeuf, arrivent graduellement et selon leur destination jusqu'à une épaisseur de plus d'un centimètre. Ils sont d'un travail égal, très-uni, compacte et souple à la fois. Revêtus de dessins variés, ils remplacent avantageusement, dit-on, les tapis, les damas, toutes les étoffes propres à l'ameublement. L'imitation apparente est complète, satisfaisante; mais il reste à savoir si leur solidité égale leur physionomie, si leur prix modeste peut les faire préférer aux étoffes tissues. Nous n'avons pu offrir cette comparaison à nos lecteurs, par l'absence de renseignements suffisants.

M. HENRY LAURENT, dont nous avons déjà parlé, nous a envoyé d'Amiens des velours pour tapis de pieds, imitant la robe des tigres. Cette imitation est faite avec une telle perfection, que non-seulement vous êtes trompé par votre œil, mais vous touchez, et vous doutez encore. Ses velours unis et à dessins étonnent moins et sont cependant très-remarquables; les couleurs en sont vives et fraîches et peuvent rivaliser avec les plus beaux velours de soie, comme éclat, sinon comme finesse. — MM. DUFAU et DUPONTRUÉ, de Belloy-sur-Somme (N° **1826**), ont exposé des velours, façon d'Utrecht, d'un très-bel aspect; mais nous préférons ceux que M. DEBUIGNY, d'Amiens (N° **1823**), appelle *à dessins coupés au couteau.* Il est difficile de se rendre compte du moyen employé pour produire ces beaux reliefs. Nous nous contenterons d'admirer. — Les velours sculptés de MM. BOCQUET FRÈRES, MARTIN ET DESPREAUX, de Versailles (N° **1068**), nous paraissent dus à des moyens analogues; ils produisent l'effet de riches papiers de tenture veloutés, mais avec plus de magnificence et de grandeur.

M. TOUREL FILS, place des Victoires, maison Ternaux (N° **2839**), expose des velours de cachemire, fabriqués avec les laines qui servent à la fabrication des schalls de l'Inde. Moelleux au toucher, ces velours ont l'avantage de ne pas se froisser et sont d'un excellent emploi pour les meubles et tentures. Ils ont été teints dans les ateliers spéciaux de M. A. ROUQUÈS, à Clichy-la-Garenne. — Le velours blanc exposé par M. STACKLER, de Rouen (N° **1898**), nous paraît être d'un bon emploi; les dessins, à l'instar de ceux des fichus des paysannes, les rendent propres à servir de rideaux de fantaisie. — MM. JAPUIS FRÈRES, de Claye (Seine-et-Marne) (N° **816**), impriment les tissus de coton et de laine d'une façon ravissante. Nous aimons fort leurs velours de coton à fleurs, si chatoyants qu'on les prendrait pour des étoffes de Perse. Ils ont un air de gaieté qui doit réjouir l'appartement qui les recevra. — Nous en dirons autant des velours et de tissus de laine et coton de MM. SCHLUMBERGER ET KOECHLIN, de Mulhausen (N° **475**), dont les dessins frais et suaves sont variés à l'infini. — Les velours rayés en laine, de MM. DUMONT, ORIOL ET RIVOLIER, rue de l'Orillon, n° 48 (N° **3551**), seront d'un excellent effet pour certains ameublements; il y a de ces velours mi-partie de rouge et de noir, qui sont sévères et d'un grand style.

Les damas de laine de M. SIMONDANT, rue du Gros-Chenet, n° 23 (N° **2121**), sont aussi fort recommandables, ainsi que ceux de M. MILLOT, rue Lafayette, n° 59 (N° **2406**), et ceux de M. LERAT, de Rouen (N° **3215**). — MM. AUBER ET Cie, de Rouen (N° **3194**), fabriquent les damas de laine de qualités inférieures et à bon marché, et M. GLATIGNY, de Rouen (N° **3099**), les damas de coton très-communs ; la médiocre élégance de ces produits n'est point pour nous une occasion de mépris ; loin de là, si nous avions voix délibérative dans les réunions du jury central, nous réclamerions, pour ces branches de l'industrie, qui travaillent dans le sens populaire, encouragements et récompenses. — Mentionnons encore dans ces *spécialités*, pour parler le langage usuel, les belles mousselines-laines imprimées de M. GODEFROY, rue du Gros-Chenet, n° 17 (N° **2303**). Il y a là une tenture renaissance que nous vous recommandons, mesdames, et des dessins Alhambrah, comme n'en a pu voir le dernier des Abencérages.

Les étoffes de soie et cachemire, à base de crin, de M. DELACOUR, rue Vieille du Temple, n° 51 (N° **3160**), et celles analogues de M. JOURDAN, rue de Charonne, n° 169 (N° **2642**), imitent agréablement le damas de soie, et ont sur lui l'avantage, appréciable pour les personnes sédentaires, d'être plus frais, plus ferme et d'un meilleur usage. La chose vaut qu'on y pense.

Voici venir Lyon et ses belles soieries, ses brocarts d'or et d'argent, que beaucoup de gens ne connaissent que par les *contes des Fées*. En voyant toutes ces merveilles, on peut croire à la robe, couleur de soleil, dont monsieur Charles Perrault revêt la gentille Peau d'âne. Rien de plus somptueux que la portière de soie et d'or, faite par MM. GRAND FRÈRES (N° **1488**) pour S. A. R. le comte de Paris. Elle doit être inestimable, et cependant la richesse de la matière l'emporte sur le travail. On pouvait faire beaucoup mieux. C'est grand et mesquin à la fois. Nous préférons les ornements d'église en brocart d'or et de soie, exposés par ces fabricants lyonnais ; les dessins sont d'un meilleur choix. — M. CLAUDE CINIER (N° **672**, expose une grande quantité d'échantillons, pour chapes et chasubles de prêtres, en brocart d'or et d'argent, broché de soie, qui jouiront d'une grande vogue dans les riches sacristies. Les mêmes étoffes fabriquées par MM. MARTHEVON ET BOUVARD FRÈRES (N° **1461**) sont inférieures sous le rapport des dessins et des couleurs.

Les belles étoffes destinées aux meubles ont été traitées avec une grande intelligence par MM. LEMIRE PÈRE ET FILS (N° **1482**), et par M. YEMENIZ (N° **1469**). Quoi de plus ravissant que leurs damas de soie, unis, façonnés, ou brochés, dans le genre Louis XV? Quelle richesse, quelle variété de tons! — Recommandons encore, et très-vivement, les magnifiques étoffes de soie, les damas, les imitations de lampas de MM. FEY et MARTIN, de Tours (N° **677**). Ces beaux tissus sont d'une recherche admirable. Combien gagneront certains meubles, que nous avons décrits naguère, à prêter leurs flancs à ces chatoyantes draperies!

Et ces tissus de verre filé de MM. THÉODORE DUBUS ET C^{le}, rue du Faubourg-Saint-Denis, n° 190 (N° **2816**), ne leur accorderons-nous pas aussi un regard? Ils brillent comme l'eau frémissante au soleil, comme l'arc-en-ciel pendant la pluie. Supposez un instant les cent bougies d'un lustre, se réfléchissant dans les plis miroitants de ces étonnants tissus, alors quelle joie, quelle fête, quel éclat! Le temple de Salomon n'est plus qu'un bouge enfumé!

Non loin de ces somptueux brocarts d'or et d'argent, voyons les produits légers et diaphanes qui ont détrôné, depuis bien longtemps, ceux de la téméraire Arachné. Maintes fois, vous avez vu, n'est-ce pas? dans les beaux jours sereins de l'automne, quand le souffle caressant d'une brise molle et tiède verse sur les campagnes de douces senteurs, se balancer sur le bleu calme et pâle de la nappe céleste de légers filaments, blancs comme la neige la plus pure, et si souples que la moindre effluve les chasse capricieusement dans l'espace! Eh bien! ces fils de la bonne Vierge, comme les appellent les naïfs campagnards, ne sont ni plus blancs, ni plus diaphanes, ni plus légers que les tissus merveilleux fabriqués par les mécaniques de Tarare, de Bonnal et d'Alençon. Tarare conserve encore le privilége de fournir à toute la France ces fraîches mousselines, spéciales pour les ameublements. Côte à côte, brillent et luttent de fraîcheur et d'éclat les mousselines, brodées et brochées en couleur et en or, de MM. MARTIN, MATAGRIN ET C^{le} (N° **1443**); celles unies et brodées de M. PRAMONDON (N° **1440**), de M. ESTRAGNAT FILS AÎNÉ (N° **1466**), de M. FION (N° **1435**), de MM. BRUN FILS ET DÉNOYEL (N° **1434**). Puis viennent les mousselines de coton de M. LECOQ-GUIBÉ, d'Alençon (Orne) (N° **842**), les ramages à la pièce, les rideaux encadrés, les vitrages encadrés, les couvre-lits de M. LEPELLETIER DAMAS, rue Saint-Fiacre, n° 3 (N° **442**), les tissus de M. DAUDVILLE (N° **302**), ceux de MM. LESUR FRÈRES (N° **307**), les gazes, les tulles de coton de MM. LEHOULT ET Cie (N° **303**), tous trois de Saint-Quentin (Aisne); puis encore les mousselines unies et brodées, genre Suisse, des fabriques de Loy (Loire), exposées par M. RENAUDIÈRE, rue du Sentier, n° 3 (N° **2524**), et les belles pièces de rideaux en mousseline de M. LUCY SEDILLOT, rue des Jeuneurs, n° 10 (N° **2524**). Nous aurions beau faire, il nous serait impossible de décrire toutes ces merveilles, ravissantes de dessin, d'élégance et de fantaisie; les dames sauront bien les retrouver dans les magasins spéciaux où elles vont bientôt prendré place.

Six gros volumes ne suffiraient pas à ce compte rendu de l'Exposition de 1844, s'il était dans notre programme de parler de tous les objets de luxe et de nécessité, depuis les plus humbles, tels que les eustaches de Saint-Étienne ou les jolis sabots de M. GOUNOT, de Cosne (Nièvre) (N° **993**), jusqu'au *musée-étagère* de MM. Grohé frères. A mesure que nous avançons dans ce dédale de l'industrie, les objets semblent grossir et se multiplier; l'espace qui nous est accordé diminue si rapidement qu'il ne nous est plus permis de nous arrêter.

Ici les glaces, là les cristaux, les verreries, les lampes, puis les beaux produits de l'art renaissant de la céramique; plus loin les bronzes, plus loin encore l'orfévrerie, noble art qui brille d'un éclat prodigieux avant de s'éteindre pour toujours… hélas! nous le craignons fort.

Les antiques et royales manufactures de Saint-Gobain et de Saint-Quirin se maintiennent au rang élevé qu'elles ont conquis. Elles sont encore les premières de l'Europe. La fabrication des glaces est arrivée à une perfection telle, depuis un demi-siècle, qu'elle ne peut plus faire de grands progrès. Il y a bien longtemps déjà que nous ne sommes plus tributaires de Venise, et la vieille reine de l'Adriatique, dépouillée du privilége de fournir à toute l'Europe ses miroirs tant vantés, reste silencieuse et sans émulation. Murano est triste comme une bourgade de la Champagne, mais Saint-Gobain et Saint-Quirin vivent et prospèrent. Tout est donc pour le mieux. Mais la pauvre morte n'a pas moins de fanatiques qu'autrefois; nos miroitiers modernes, désespérant d'inventer quelque chose de nouveau, s'empressent de copier et de faire renaître ses miroirs biseautés, ses bordures renversées comme au temps de Henri IV et de Louis XIII. Ainsi font M. FAUH, rue du Bac, n° 12 (N° **3601**), et M. MARINET, rue des Francs-Bourgeois, n° 4 (N° **2930**). Dans ce malencontreux et indécent catalogue « non officiel » dont nous avons déjà parlé, M. Fauh, qui se prodigue des éloges un peu trop exaltés, annonce une glace gothique. Ces deux mots ne sont pas possibles à côté l'un de l'autre. Les glaces étaient inconnues pendant l'ère gothique. La glace de M. Fauh est une glace de fantaisie, tout simplement, et toujours imitée des miroirs de Venise. Elle est assez jolie et sans doute trop surchargée d'ornements. Nous aimons mieux les miroirs modestes de M. Marinet, bordés de bandes et d'ornements de verres de couleurs. C'est toujours le miroir de Venise, comme forme, mais approprié au goût et à la propreté modernes.

L'amélioration la plus importante, apportée aux décorations des glaces et des cheminées tout à la fois, est sans doute celle de M. RÒDEL, rue de la Chaussée-d'Antin, n° 44 (N° **2548**); elle provient d'une garniture en bronze doré, servant de pendule et de candélabres et entourant la glace comme une guirlande, sans intercepter la vue et la réflexion des objets. Cette décoration d'un goût charmant, également travaillée sur ses deux faces, est reproduite dans la glace avec les bougies, et doit produire, le soir, un effet très-piquant. Sans doute, sans aucun doute, cette innovation est la plus intelligente que nous ayons à signaler cette année. Puisse-t-elle devenir populaire ! — MM. DUQUESNE FRÈRES, rue des Marais-Saint-Martin, n° 35 (N° 3563), exposent des glaces richement encadrées dans les goûts de la renaissance, Louis XIV et Louis XV. Ce sont de beaux décors pour les ameublements analogues.

Les fabriques de cristaux ont exposé de nombreux produits que nous regrettons vivement de ne pouvoir analyser. Jamais cette industrie ne s'est montrée sous un jour aussi avantageux. Les manufactures de Baccarat (N° 561), de Saint-Louis (N° 555), et celle de Wallergsthal, dirigée par M. le BARON DE KLINGLIN, rivalisent entre elles de pureté, de précision et d'élégance ; cependant, la compagnie de Baccarat peut réclamer, sur tous les points, le privilége du goût et de l'ampleur ; elle expose des vases de cristal et d'opale de dimensions qui nous semblaient fabuleuses avant de les avoir constatées, des patères, des lampes, des lustres, des verres pour tous les vins, roses, bleus, verts, jaunes, enfin mille objets destinés à orner les tables, les cheminées, les plafonds. Tout cela est superbe, plus que nous ne saurions le dire. Les cristaux blancs et coloriés de M. de Klinglin sont ravissants ; on ne peut rien voir de plus beau. Tous ces cristaux, décorés avec les couleurs vitrifiées, de MM. LAUNAY HAUTIN ET Cⁱᵉ, rue de Paradis-Poissonnière, n° 30 (N° 1341), gagnent peu à cette addition qui leur donne l'aspect de mauvaises porcelaines. — M. MAES, à Clichy-la-Garenne (N° 2328), soutient dignement la concurrence avec des cristaux variés d'un goût délicat. — M. JULLIENNE, rue du Bac, n° 50 (N° 1805), expose des porcelaines décorées de fleurs, imitant le vieux Sèvres, le vieux Saxe, et une quantité de cristaux ornés et jayeuus d'un goût charmant et d'un soin précieux. — M. MOUREY, rue du Temple, n° 63 (N° 1348), dont les produits devraient être classés plutôt dans la bijouterie que dans la cristallerie, offre de jolis miroirs ornés de fleurs, une grande coupe, un lustre et des vases remarquables à plusieurs titres. — Les objets exposés par M. MORA, rue Bourg-l'Abbé, n° 9 (N° 2425), sont analogues à ceux de M. Mourey. Nous avons considéré avec plaisir, avec toute la jouissance que donnent d'heureux souvenirs, les grands candélabres en verre et en cristal, semblables à ceux dont le peuple de Venise décore ses rues étroites dans ses nuits de fête. C'est là de l'imitation intelligente, et nous félicitons M. CATTAERT, rue du Faubourg-Saint-Denis, n° 25 (N° 3692), d'avoir transporté chez nous ce décor charmant de la vieille Venise. — Les bronzes exposés par M. THOMIRE, rue de la Chaussée-d'Antin, n° 51 (N° 1380), ne sont point à la hauteur de sa belle réputation ; il a voulu imiter le genre en vogue sous Louis XVI, et il est resté naturellement au-dessous de ses rivaux, qui se sont inspirés d'un goût meilleur. Cependant, pour n'être point tout à fait injuste envers ce célèbre industriel, nous devons louer quelques bronzes d'un art vraiment précieux, entre autres deux jolis vases de fleurs, en argent, et de grands lustres à pendeloques de cristal, bien appropriés aux ameublements dans le genre Louis XV. — Louons encore les bronzes et ornements d'église de M. VILLEMSENS, rue Sainte-Avoye, n° 57 (N° **1384**), ceux de M. GRIGNON, rue d'Anjou, n° 13, au Marais (N° **2255**), et entre autres des candélabres et une pendule dans le genre rocaille; une pendule et des candélabres, dans le style renaissance, par M. BOYER, rue de Saintonge, n° 38 (N° **2131**) ; une pendule de fantaisie, en or moulu par M. SERRUROT, rue de Richelieu, n° 89 (N° **2090**). — M. MARQUIS, rue Chapon, n° 23 (N° **2349**), emprunte au règne végétal les motifs de ses porte-lumières, de ses candélabres, de ses lustres ornés de beaux cristaux. — Les maisons RAINGO FRÈRES, rue de Saintonge, n° 11 (N° **2126**), et VICTOR PAILLARD, rue de la Perle, n° 3 (N° **2687**), soutiennent dignement leur haute réputation. Ces deux intelligents industriels confient à de véritables artistes l'exécution de tous leurs modèles, et nommer Feuchère, Faillot, Auguste de Châtillon, c'est assez dire qu'ils frappent à la porte des ateliers les plus dignes. — Rien n'est plus beau que le service de dessert commandé par feu M. le duc d'Orléans à l'habile M. DENIÈRE, rue d'Orléans, n° 9 (N° **1383**). Ce service, dans le style de la renaissance, est d'un goût d'une extrême pureté et d'une exécution au-dessus de tout éloge. Parmi les nombreux objets d'art sérieux exposés par M. Denière, nous citerons deux candélabres portés par Apollon et Diane, avec le soleil et la lune pour attributs, d'une haute valeur comme art et comme exécution, et quelques bronzes ciselés avec un talent prodigieux. — M. SOYER, rue des Trois-Bornes, n° 23 (N° **1331**), s'est contenté d'offrir quelques échantillons de bronzes d'art, obtenus par le courant galvanique. — MM. ECK DURAND, rue des Trois-Bornes, n° 15 (N° **1335**), QUESNEL, rue de Richelieu, n° 112 (N° **1340**), et DE BRAUX D'ANGLURE, rue Catiglione, n° 8 (N° **3324**), ont exposé plusieurs statues dont nous n'avons point à nous occuper ; mais nous devons provoquer l'attention sur les nombreux bronzes d'art, exposés par ces trois habiles fondeurs et dus pour la plupart aux plus grands artistes de ce temps. — M. LÉON CAHIER, rue Fontaine-Molière, n° 26 (N° **3307**), expose un morceau d'orfévrerie considérable, imité du style gothique du XIII° siècle, la châsse de la sainte Robe, destinée à l'église d'Argenteuil, œuvre assez complète, mais qui ne l'est point assez cependant pour être louée sans restriction. — J. Feuchère, Rouillard, Justin, Fremiet ont fourni à M. FROMENT MEURICE (N° **1346**), orfévre joaillier de la ville de Paris,

—   le titre, — les modèles de l'admirable bouclier en argent destiné à servir de prix, pour les vainqueurs, dans les courses de chevaux. C'est un morceau admirable et digne de la réputation des artistes qui y ont coopéré et de l'intelligent orfévre qui l'a mis en œuvre. Ah! que ne pouvons-nous louer comme ils le méritent les admirables travaux de M. Froment Meurice! Quel art profond préside à ces ostensoirs, à ces calices, à ces coupes, à ces vases, à toutes ces parures enrichies de pierreries, d'émail et de diamants! Cellini est égalé! Chose digne de remarque, M. Froment Meurice, artiste s'il en fut, n'a fait que peu de pièces dans le goût rocaille, — juste ce qu'il en fallait pour ne point être rebelle aux exigences de la mode, preuve d'un goût sûr et d'une étude savante des conditions essentielles de son art. — Mêmes éloges à M. RUDOLPHI, rue du Mail, n° 11 (N° **1358**). Ce sont encore là de belles et nobles choses que ces riches aiguières florentines, dignes des plus beaux jours de la renaissance. La matière employée disparaît totalement sous l'admirable travail du ciseleur. M. LEBRUN, quai des Orfévres, n° 40 (N° **1344**), sans marcher de pair avec ces deux géants de l'argenterie, peut encore figurer, à plus d'un titre, aux premiers rangs des vaillants orfévres modernes. On ne peut qu'admirer son beau service de table en argent, ses cafetières, théières, pots à crème et plateaux. — Mais rien ne dépasse, comme luxe, comme élégante pureté de style, le service à thé complet de M. DURAND, rue du Bac, n° 33 (N° **1345**), conçu dans le goût toujours admirable de la renaissance, et son service de table avec des symboles de chasse. Oh! cela est beau, plus beau que nous ne saurions le dire. — Nous n'adresserons pas des éloges aussi sincères à M. ODIOT, rue Basse-du-Rempart, n° 26 (N° **1356**). Ce doyen des orfévres a voulu sacrifier au goût du jour, et il est resté au-dessous de lui-même; mais ses anciens succès sont encore assez retentissants pour le consoler d'un échec.

MM. CHRISTOFLE ET Cⁱᵉ, rue de Bondy, n° 52 (N° **3417**), exposent de nombreux objets d'orfévrerie, joaillerie et bijouterie, dorés et argentés au moyen du courant galvanique, selon le procédé de MM. de Ruolz à Elkington. L'apparence de ces objets est satisfaisante, le bon marché est évident, mais la solidité...? Si nous en croyons certaines expériences, dont les résultats nous ont été communiqués par des hommes compétents en pareille matière, l'art noble et antique de l'orfévrerie ne sera point encore détrôné par la nouvelle application du courant galvanique. L'avenir nous l'apprendra.

Nous voudrions bien accorder aux porcelaines l'attention qu'elles réclament, et c'est à peine s'il nous reste assez de place pour citer les plus habiles fabricants dans cette spécialité. Disons les noms de M. LE BARON DU TREMBLAY, qui expose des faïences et porcelaines en *émail ombrant*, invention toute pleine d'avenir; de MM. FOUQUE ARNOUX, HALLOT, LEBOEUF-MILLIET, LANGLOIS,

Chapelle Maillard, et répétons le nom de M. **Gille**, dont notre planche **XXX** reproduit le salon décoré de médaillons de porcelaine.

C'est ici le cas de donner l'explication de notre planche **XXVI**. Elle reproduit une magnifique bibliothèque, en bois de noyer, œuvre toute provinciale, qui n'a pu arriver à Paris avant la fermeture de l'Exposition. Ce meuble, extrêmement remarquable, a été fait dans les ateliers de MM. Simonnet et Rache, rue Castillon, n° 5, à Bordeaux. Il est composé dans le style ogival et dessiné avec un goût parfait. On ne sait ce que l'on doit le plus admirer dans ce chef-d'œuvre de menuiserie, des trois mille morceaux assemblés en coupes, ou de l'ornementation et de la précision de tout le meuble. Les statuettes, représentant les quatre Evangelistes, qui décorent le haut de cette bibliothèque, sont dues au ciseau de M. Faure, statuaire-sculpteur, et offrent tous les mérites de la difficulté vaincue aussi bien que de la science du jeu de la physionomie et du jet des draperies.

Un mot encore sur les belles poteries de grès, fabriquées à Voisinlieu, par M. **Mansard**, rue Richelieu, n° 112 (N° **368**). L'art céramique a pris, sous l'impulsion de M. Ziégler, une haute importance. Tout le monde connaît le beau vase des douze apôtres, les vases, forme tulipes et liserons, exposés dans vingt endroits de la capitale. Ce sont encore ces vases qui sont les plus importantes pièces de la tuilerie de Voisinlieu. — Ces beaux vases sont revêtus de couleurs émaillées dans les ateliers de M. **Leleu**, rue Richelieu, n° 103 (N° **1362**), et, ainsi décorés, peuvent réclamer une belle place dans les salles à manger d'hiver et d'été.

Espérons que l'orfévrerie ne déchoira pas, et que la poterie de grès occupera bientôt, dans nos usages, le rang que Rome et la Grèce lui avaient assigné.

Notre course et nos pages sont achevées. Nous avons accompli l'une et écrit les autres avec conscience et attention, à défaut de talent et de lumières. — Lecteurs, et vous tous, absents de cette rapide revue par notre faute involontaire, pardonnez-nous nos erreurs et nos oublis.

ÉPILOGUE.

Ouvertes solennellement le 1ᵉʳ mai, les portes du *Palais de l'Industrie* ont été fermées le 30 juin, selon que l'avait prescrit l'ordonnance royale du 3 septembre 1843. Pendant ces deux mois, si courts pour les uns, si longs pour les autres, une foule ardente et empressée n'a pas cessé d'envahir, à toutes les heures publiques ou privilégiées de chaque journée, les galeries qui paraissaient vastes et gigantesques avant l'ouverture, et qui, en définitive, étaient trop étroites et trop restreintes pour les exposants aussi bien que pour les visiteurs. Ce fut un spectacle admirable, unique, et dont tous garderont la mémoire, que cette affluence innombrable d'individus venus de tous les points de la France et même de l'Europe, pour assister à ce concours solennel de l'industrie française. — Paris a été pris d'assaut par la province ; assiégés et assiégeants se sont donné la main avec cordialité, et chacun a bien fait son devoir.

L'exposition de 1844 n'a mis en lumière aucune invention grande et devant creuser des perspectives inconnues pour certaines branches de l'industrie ; mais elle a démontré, plus que jamais, le développement incessant de notre intelligence industrielle. Les pas faits en avant sont immenses ; nous n'aurons bientôt plus rien à envier aux nations rivales de la nôtre, et désormais — nous pouvons le proclamer sans forfanterie patriotique — la France marchera leur égale. La salle des machines seule suffirait à le prouver. Là, surtout, on s'attendait à de vigoureux efforts, et des progrès énormes ont été constatés. — Nous n'avons point à apprécier les notables améliorations apportées dans les diverses fabrications admises à l'exposition de 1844 ; mais nous n'hésiterons pas à affirmer que toutes les branches de l'industric aboutissant à l'**Ameublement** ont dépassé les espérances qu'avait fait naître l'exposition de 1839. La supériorité des productions de l'ébénisterie, des filatures, des cristalleries, des fonderies de bronze, etc., est évidente sous tous les rapports. Elle résulte non-seulement des tendances du goût, mais encore de la main-d'œuvre, d'études consciencieuses basées sur les combinaisons géométriques, d'un meilleur emploi des matières premières et surtout de l'alliance de plus en plus étroite des arts et de l'industrie.

Toutefois deux choses nous paraissent regrettables :

La première, c'est l'absence de l'indication des prix sur les produits exposés. Le jury seul doit être dans la confidence des prix de revient; mais le public a réclamé assez de fois, pendant la durée de l'exposition, la communication des prix de vente des objets qu'il convoitait, pour qu'à l'avenir l'administration se fasse un devoir d'exiger cette formalité de tous les exposants, sans exception.

La seconde, c'est l'insuffisance du local, et, par suite, la confusion et l'inégalité des droits. — Sans nous faire l'écho de plaintes plus ou moins fondées, nous ne pouvons cependant ne pas constater que la répartition des places eût pu être plus équitable. — Certains produits, passablement frivoles, se pavanaient à l'aise dans un espace de plusieurs mètres, tandis que des objets vraiment utiles et sérieux étaient blottis dans l'ombre, sans pouvoir dépasser les quelques centimètres d'étalage dont on leur avait fait l'aumône, et comme à regret. Nous croyons qu'il serait possible de satisfaire tous les exposants en octroyant à chacun une fraction égale de la longueur des galeries, et en permettant les échanges et les subdivisions particulières. Quant à l'insuffisance du *Palais* provisoire, élevé à grands frais tous les cinq ans, nous croyons aussi qu'il serait possible d'y remédier facilement.

La progression constante et incalculable de toutes les industries rend presque impossible une construction spéciale, dont les dimensions seraient basées sur l'état de choses existant. La division est donc nécessaire. Voici quelles seraient nos idées en cette occurrence.

Nous souhaiterions l'édification d'un monument, analogue au

moins de proportions au palais de l'Industrie, dans le carré Marigny, seul endroit de la capitale assez vaste pour recevoir un pareil monument. Cet édifice, convenablement exhaussé, serait surmonté d'un étage destiné à former des galeries auxiliaires au besoin. — Nous voudrions que toutes les branches de l'industrie fussent agglomérées en cinq classes différentes, puis que chaque année il y eût une exposition pour chacune des classes : par ce moyen, il n'y aurait aucun encombrement dans les galeries; chaque industrie spéciale, exposant un plus grand nombre de modèles, pourrait être étudiée plus profondément, et, par le fait, chacune de ces fabrications spéciales ne reviendrait que tous les cinq ans témoigner de ses travaux et de ses progrès. Nous n'aurions plus sans doute d'expositions colossales et éblouissantes, mais la confusion et le désordre seraient impossibles; d'importantes fabrications ne seraient pas reléguées dans des recoins obscurs, et chaque année on serait mieux à même de constater des améliorations qui, cette fois, apparaîtraient dans tous leurs développements. Inutile d'ajouter que durant les mois où l'exposition n'aurait pas lieu, le local pourrait être utilisé pour les assemblées électorales, et même pour des écoles ouvertes en faveur des ouvriers. Nous émettons cette idée sans prétendre la faire prévaloir. Puisse-t-elle en faire surgir de plus complètes! mais, avant tout, il faut éviter le retour de ce manque d'ordre qui décourage les exposants.

Parmi les visiteurs les plus assidus et les plus bienveillants de l'exposition de 1844, il nous faut nommer en première ligne, et à tous égards, LL. MM. le Roi et la Reine, S. A. R. Mgr le duc de Nemours, et toute la famille royale, qui, dans leurs pérégrinations scrupuleuses, n'ont pas cessé de témoigner à tous les exposants, par de dignes et affectueuses paroles, et par des choix intelligents et opportuns, tout l'intérêt qu'ils prenaient à cette solennité industrielle et nationale. Le samedi 8 juin, le Roi a donné à l'industrie, dans le palais de Versailles, consacré à toutes les gloires de la France, une fête dont l'Académie royale de Musique a fait tous les frais. Les 2me et 3me actes d'*OEdipe à Colone*, le 4me acte de *la Favorite*, les 2me

et 3ᵐᵉ actes de *la Muette de Portici*, ont été joués devant cette assemblée, où tous les rangs, tous les talents étaient confondus par une sage volonté. Enfin, le 28 juillet, a eu lieu la distribution des récompenses au château des Tuileries. Le roi Louis-Philippe, entouré de sa famille, s'est rendu dans la salle des Maréchaux, où les membres du jury et les heureux exposants étaient rassemblés. M. le baron Thénard, président du jury, s'est placé au centre, et a adressé au Roi un discours remarquable par sa noble simplicité. Il a démontré que l'exposition de 1844 dépassait toutes les espérances que les deux premières avaient fait concevoir, qu'aucun art n'était resté stationnaire, qu'un grand nombre d'industries avaient fait des progrès remarquables, que la plupart des produits avaient baissé de prix, et que, de tous les arts, celui de la construction des machines s'était élevé le plus haut par ses progrès; enfin, que l'exposition était la plus belle et la plus mémorable dont la France ait à se glorifier.

Dans sa réponse, le Roi a parlé du plaisir qu'il avait éprouvé à étudier attentivement les détails de tous les produits, et a exprimé le regret que le temps lui eût manqué pour rendre son examen plus complet.

Ensuite, M. Cunin-Gridaine, ministre du commerce, a appelé les récompenses que S. M. remettait de sa main aux exposants nommés, en adressant à chacun des paroles de bienveillance et d'encouragement.

Le soir, les exposants ayant obtenu la décoration de la Légion d'honneur ou la médaille d'or ont été conviés à un splendide banquet dans la grande galerie du Louvre.

Au dessert, le Roi s'est levé et a porté le toast suivant, auquel nous nous associons de grand cœur :

HONNEUR A L'EXPOSITION DE **1844**.
PROSPÉRITÉ A L'INDUSTRIE FRANÇAISE.

LISTE

DES

RÉCOMPENSES ACCORDÉES A L'INDUSTRIE.

EXPOSANTS D'OBJETS D'AMEUBLEMENT.

NOMMÉS CHEVALIERS DE LA LÉGION D'HONNEUR.

MM.

BONTEMPS	Verreries	Choisy-le-Roy (Seine).
GODARD fils	Cristallerie	Baccarah (Meurthe).

RAPPELS DE MÉDAILLES D'OR.

AUBER et Cie	Tissus	Rouen.
YEMENIZ	id.	Lyon.
MATHEVON et BOUVARD	id.	id.
LEMIRE père et fils	id.	id.
VAYSON et Cie	id.	Abbeville.
SCHLUMBERGER et Cie	id.	Mulhausen.
JAPUIS frères	Tissus imprimés	Claye (Seine-et-Marne).

BEAUX-ARTS.

ZUBER et Cie	Papiers peints	Rixheim (Haut-Rhin).
RUDOLPHI	Bijouterie, orfévrerie ciselée.	Paris.
JACOB DESMALTER	Ébénisterie	id.
ODIOT	Orfévrerie	id.
THOMIRE et Cie	Bronzes d'art	id.

POTERIE.

LEBOEUF et MILLIET et Cie	Grès	Montereau.
BONTEMPS, LEMOYNE et Cie	Vitraux	Choisy-le-Roi.
SAINT-GOBAIN	Manufactures de glaces	Saint-Gobain.
SAINT-QUIRIN	id.	Saint-Quirin.
COMPAGNIE DES CRISTALLERIES DE BACCARAH	Cristaux	Baccarah (Moselle).
COMPAGNIE DES CRISTALLERIES DE SAINT-LOUIS	id.	Saint-Louis.
KLINGLIN (le baron de)	id.	Wallersthal (Meurthe).

MÉDAILLES D'OR.

Cinier (Claude)	Tissus	*Lyon.*
Flaissier frères	id.	*Nîmes.*
Laurent (Henri)	id.	*Amiens.*
Christofle et Cie	Métaux	*Paris.*

BEAUX-ARTS.

Froment Meurice	Orfévrerie	*Paris.*
Morel	Bijouterie	*id.*
Eck-Durand	Bronzes d'art	*id.*
Lebrun	Orfévrerie	*id.*
Grohé frères	Ébénisterie	*id.*
Délicourt	Papiers peints............	*id.*

RAPPELS DE MÉDAILLES D'ARGENT.

BEAUX-ARTS.

Fischer père et fils	Ébénisterie	*Paris.*
Jolly	id.	*id.*
Bellangé	id.	*id.*
Durand....	Orfévrerie	*id.*
Villemsens	Bronzes d'art	*id.*
Marsaux.	Estampage	*id.*
Lecocq et Cie	id.	*id.*

MÉDAILLES D'ARGENT.

Berly et Cie......	Tissus	*Amiens.*
Fey-Martin et Cie	id.	*Tours.*
Fion	id.	*Tarare.*
Estragnat	id.	*id.*
Daudville	id.	*Saint-Quentin.*
Stackler	id.	*Rouen.*
Bellat	id.	*Aubusson.*
Sallandrouze (J.J.)	id.	*id.*
Lécun et Cie	id.	*Nîmes.*
Leroy de la Ferté et Cie..	Métaux.................	*Paris.*
Théret	id.	*id.*

BEAUX-ARTS.

Moubey	Bijouterie	*Paris.*
Granger	id.	*id.*
Quesnel	Bronzes	*id.*
Paillard	id.	*id.*
Fugère	Cuivre estampé...........	*id.*
Meynard et fils	Ébénisterie	*id.*

DURAND	Ébénisterie	*Paris.*
LEMARCHAND	id.	*id.*
FOURDINOIS et FOSSEY	id.	*id.*
CLAVEL	id.	*id.*
ROYER fils et CHARMOIS	id.	*id.*
WASSMUS	id.	*id.*
LUND	id.	*id.*
OSMONT	id.	*id.*
MARCELIN	id.	*id.*
WALLET-HUBER	Carton-pierre	*id.*
ROMAGNESI	id.	*id.*

POTERIE.

VIREBENT frères	Terre cuite	*Toulouse.*
FOUQUES ARNOUX	Porcelaine	*Saint-Gaudens.*
MANSARD	Faïence, grès	*Voisinlieu.*
MAES	Verrerie	*Clichy.*
LAUNAY, HAUTIN et C*	Poterie	*Paris.*

ARTS DIVERS.

MADER frères	Papiers peints	*Paris.*
S. LAPEYRE et C*	id.	*id.*
RUPP, RUBIE et C*	id.	*id.*

RAPPELS DE MÉDAILLES DE BRONZE.

PRAMONDON	Tissus	*Tarare.*
RENAUDIÈRE	id.	*Paris.*
ROUGET DE L'ISLE	Tapisserie	*id.*
RINGUET LEPRINCE	Ébénisterie	*id.*
HOEFER	id.	*id.*
BAUDRY	id.	*id.*
BOUHARDET	Billards	*id.*
SERRUROT	Bronzes	*id.*
BORDEAUX	Estampages sur cuivre	*id.*
MAURIN	id.	*id.*

POTERIE.

HALOT père et fils	Poterie	*Paris.*

MÉDAILLES DE BRONZE.

TABARD aîné	Tissus	*Aubusson*
SIMONDANT	id.	*Paris.*
DEMY-DOINEAU	id.	*id.*
REDARÉS	id.	*Nimes.*

Vayson, Poret et Cie	Tissus..................	Paris.
Lesur frères	id.	Saint-Quentin.
Lucy Sédillot	id.	Paris.
Glatigny	id.	Rouen.
Demy-Doineau	id.	Paris.

BEAUX-ARTS.

Vedder	Ébénisterie	Paris.
Faure et Roger..........	Pianos	id.
Sellier...............	Ébénisterie	id.
Ringuet Leprince	id.	id.
Pochard	id.	id.
Marsoudet.............	id.	id.
Mainfroy	id.	id.
Leblanc	id.	id.
Klein	id.	id.
Hoefer...............	id.	id.
Boutung..............	id.	id.
Berthet et Peret.......	id.	id.
Balny................	id.	id.
Année...............	id.	id.
Simon	id.	id.
Noyon...............	id.	id.
Moreau..............	id, ...	id.
Linsler	Parquets	id.
Dutzschhold	Ébénisterie	id.
Cremer...............	id.	id.
Commoy	id.	Saint-Claude.
Barbier	id.	Paris.
Bertaud et Lucquin	id.	id.
Morisot	id.	id.
Serrurot	Bronzes	id.
Boyer................	id.	id.
De Braux d'Anglure......	id.	id.
Benoit l'Anglassé	id.	id.
Marquis	id.	id.
Raingo	id.	id.
Rodel................	id.	id.
Basnier	id.	id.
Tournier	Estampés..............	id.
Thoumin et Corbière	id.	id.
Girard	Stores	id.
Hattat...............	id.	id.
Bach Perès	id.	id.
Hankin...............	id.	id.

HARDOUIN	Carton-pierre	*Paris.*
LOMBARD	id.	*id.*
BARTHÉLEMY	Billards	*id.*
GUILELOUVETTE et THOMERET	id.	*id.*

PRODUITS CHIMIQUES.

MARSUZI DE AGUIRRE	Chanvre imperméable	*Paris.*

POTERIE.

CHAPELLE MAILLARD	Cristaux	*Paris.*
Le baron du TREMBLAY	Faïence	*Rubelles.*

ARTS DIVERS.

MICOUD	Cuirs pour tentures	*Paris.*
BRIÈRE	Papiers peints	*id.*
GENOUX	id.	*id.*
MARGUERIE	id.	*id.*
PIGNET et Cie	id.	*id.*
SALLERON	id.	*id.*
SEVESTRE	id.	*id.*

TABLE ALPHABÉTIQUE

NOMS DES EXPOSANTS D'OBJETS D'AMEUBLEMENT.

NOMS.	NATURE DES OBJETS EXPOSÉS.	Nºˢ d'Ordre du Catalogue.	Numéros des Pages.
A.			
Agnellet frères............	Cuivre estampé.....................	3668	50
Allard frères............	Ébénisterie, siéges	3825	13
Année..................	Nécessaires, marqueteries	2092	73
Auber et Cⁱᵉ.............	Damas de laine....................	3194	87
Audry.................	Stores peints.........	3737	37
B.			
Bach Pérès.............	Stores	2980	37
Balny.................	Ébénisterie, siéges.................	3824	27
Barbaza et Cⁱᵉ...........	Tapis.......................	1805	85
Barbedienne	Dessins pour papiers peints	1937	82
Barbier	Marqueterie	1619	73
Barthelemy..............	Billards......................	3809	76
Basnier	Bronzes estampés	3000	50
Bataille................	Lits et meubles en fer	3003	74
Baudry................	Lits doubles, divans	3818	71
Beaumont..............	Tabletterie, objets tournés	3017	75
Béfort	Ébénisterie, meubles	1271	29
Bellangé	Ébénisterie, meubles	1763	31
Bellat	Tapis	3077	85
Bénard frères...........	Billards......................	890	77
Bengel................ .	Nécessaires	3226	73
Berly et Cⁱᵉ.............	Velours pour meubles..............	1804	85
Berthet et Perret..........	Ébénisterie....................	3248	73
Bignon	Peinture pour décors..............	3259	75
Bleve	Cuivre estampé.....	3272	50
Bodson	Marqueterie	3318	78
Bocquet, Martin et Despreaux	Velours sculptés..............	1068	86
Bonnemain	Ébénisterie, siéges mécaniques	1273	70
Bontemps, Lemoyne et Cⁱᵉ ...	Vitraux	1338	79

NOMS.	NATURE DES OBJETS EXPOSÉS.	Nos d'Ordre du Catalogue.	Numéros des Pages.
BORDEAUX................	Cuivre estampé	3292	17
BOUCHERIE	Conservation et préparation du bois	925	23
BOUHARDET..............	Billards	1729	76
BOUQUET	Papiers peints.................	1959	83
BOUTUNG	Ébénisterie, meubles..	3891	65
BOYER..................	Bronzes	2131	91
BRAUX D'ANGLURE	Bronzes d'art	3324	91
BRIÈRE	Papiers peints	1953	82
BRUN frères et DENOYEL	Mousselines pour rideaux	1434	88

C.

NOMS.	NATURE DES OBJETS EXPOSÉS.	Nos d'Ordre du Catalogue.	Numéros des Pages.
CAGNIARD	Dessins industriels.............	3306	15
CASTEL.	Tapis.........................	3075	85
CAHIER	Orfévrerie	3307	91
CATTAERT	Bronzes et cristaux	3625	90
CHABERT...............	Ébénisterie	3883	44
CHAPELLE-MAILLARD........	Porcelaine.....................	....	93
CHATEL et FIALEIX.........	Peinture sur verre	656	80
CHRISTOFLE et Cie	Dorure par le courant galvanique	3417	92
CINIER.................	Brocarts d'or	672	87
CLAVEL	Ébénisterie	1274	66
COMPAGNIE DES CRISTALLERIES DE BACCARAH	Cristaux	861	90
Id. DE SAINT-QUIRIN... .	Glaces	875	89
Id. DE SAINT-GOBAIN.....	Glaces.........................	....	89
Id. DE SAINT-LOUIS	Cristaux.......................	553	90
COSSON	Billards	1728	76
COTELLE	Sculptures en pâte métallique	3691	53
COULET.................	Tapis	742	85
COULON........	Sculptures sur bois	1276	57
COUTANT...............	Ébénisterie, fauteuils	2085	71
CREMER................	Marqueterie	3673	72

D.

NOMS.	NATURE DES OBJETS EXPOSÉS.	Nos d'Ordre du Catalogue.	Numéros des Pages.
DAUDVILLE	Tissus pour meubles.............	302	88
DEBUIGNY	Velours pour meubles.............	1823	86
DELABROIZE	Sculptures sur bois	2062	25
DELACOUR	Tissus de crin et de soie...........	3460	87
DELICOURT	Papiers peints.................	1874	81
DEMI-DOINEAU et Cie........	Tapis	3074	85

NOMS.	NATURE DES OBJETS EXPOSÉS.	Nᵒˢ d'Ordre du Catalogue.	Numéros des Pages.

L.

FIN.